아버지의 의자

티웰

아버지의 의자

서명주 지음

티웰

차례

서 문

거목의 자취를 따라 가다.

|

얼마 전, 지인인 여류작가의 수필집에서 나의 아버지를 기억한다는 내용의 글을 읽었다. 신인 작가 시절 그는, 시가 써지지 않아 울고 싶을 만큼 지쳐 있을 때 홀린 듯 우연히 들어간 곳이 바로 한국제다였다고 한다.

그날, 생전 처음 보는 키가 훤칠한 어떤 분에게 녹차 네 주전자를 대접받았는데, 그분은 별말씀도 없이 '아가씨가 차를 좋아하나 보네요' 하시며 차를 내어 주셨다고 한다. 후에 그분이 한국제다의 사장님이신 걸 알았고, 그때 맛있는 차를 대접받은 것이 인연이 되어 우리 가족과도 친해졌다.

그도 지금은 좋은 글을 많이 발표한 광주의 유망한 작가가 되었다.

아버지는 그런 분이셨다.

만나는 분들에게,

많은 말 보다 한 잔 차를 나누면서 용기를 솟게 해주셨고, 신나게 살아갈 핑계 하나쯤은 만들어 주시는 그런 분이셨다.

나의 아버지에게 차는 종교요, 절절한 삶이요, 희망이었다.

정직한 다가(茶家, 차의 가문)의 장녀로 태어남은 내게 축복이었다.

부모님의 뒤를 이어서 부끄러움 없는 인생을 살고자 내가 걸어온 길을 돌아보고 또 돌아본다. 지친 몸을 부리면 말없이 받아 주는 안식처, 세상 살이가 현기증이 날 때 나는 두 분의 스승님께 길을 묻는다.

그럴 때면

마애석불 같은 엄마의 미소는 말없이 나를 어루만져 주고, 두껍고 포근한 아버지의 손은 나를 위해 당신의 의자를 가만히 내밀어 주신다.

서명주

1부

아버지의 의자

아버지의 의자,
그리고 아름다운 인연

1977년 학동 집에서,
아버지와 어머니

　자식을 돌아보면 열 손가락이 모두 기쁨과 안타까움이지만 부모님을
향한 그리움은 심장을 두드리는 울림으로 다가오는 원초적인 것이리라.
아낌없이 베풀어 주고 떠나신 나의 아버지를 추억하는 일은 아직도 날카
로운 것에 심장을 베이는 것처럼 아픈 일이다. 오십육 년 동안 커다란 나
무 아래에서 나는 따스한 햇빛과 공기와 그늘과 마음껏 쉴 곳이 든든했으
니, 다만 부녀간의 정다웠던 얘기들보다 우리나라 차의 근대 역사를 굳건
하게 세우신 아버지를 회고하는 의미가 있기에, 만인의 아버지이자 한 사

람의 아름다운 남자인 아버지의 지나온 길을 육친의 정을 담아 적어 본
다. 다시는 돌아오시지 않을 먼 곳으로 떠나신 그날 저녁에도 아버지는
그 의자에 앉아 계셨다. 식탁의 한 켠에는 내가 늘 닦아 드렸던 아버지의
돋보기, 검은색 펜, 할 일을 빼곡이 적어 넣은 작은 달력, 이면지를 잘라
묶은 메모지, 서류들...

내가 아장거리고 걷기 시작할 때부터 아버지는 당신의 책상 앞에 날
앉히는 것을 좋아하셨다. 때로는 사과 궤짝이 되고, 때로는 잔디밭의 플
라스틱 의자가 되고, 때로는 어머니와 함께 하는 식탁의 의자에도 앉히곤
하셨다. 그러면 나는 항시 아버지의 시음 친구가 되었고, 세상 돌아가는
이야기 친구가 되었다. 아주 어릴 적 "한국홍차"라는 이름을 달고 홍차가
처음 나왔을 때 차를 새로 포장하면 빠지지 않는 행사를 치렀는데 그게
바로 시음식이다.

아버지, 어머니, 나 이렇게 셋 아니면 동생들과 너덧 명이 홍차 시음을
하곤 했는데, 차를 세상에 내보내기 전에 아버지가 평생을 두고 지키셨던
'내 가족이 먹는 건강한 차'를 위한 엄숙하고 경건한 장인 정신임을 머잖
아 깨닫게 되었다. 그것은 차 한 통이라도 올곧게 만들고 내 가족이 맛있
게 마셔 주기를 바랐던 아버지의 철학일 게다.

가내 수공업 시절, 작업대로 사용했던 나무 사과 상자와 보잘것없는
아버지의 나무 의자, 가끔은 게으름 피우고 싶었던 홍차 시음식, 어릴 적
그 잊을 수 없는 우리의 시음식은 이후에 한국제다 직원이라면 누구나 참

여하고 서로 조언을 아끼지 않는 자리가 되었다.

차를 생산하는 계절이 되면 단 한순간도 차 밭과 기계와 생산 현장을 떠나지 못하셨던 아버지셨기에, 찻잎를 바라보는 그 눈길은 영락없는 자식을 바라보는 어버이의 눈빛이셨다. 그때부터 나는 "홍찻집 큰딸"이라고 동네 사람들이 부르는 이름을 혼자 가만가만 즐기고 좋아했으니 아버지는 내게 삶을 바라보는 정직한 마음과 함께 소중한 무형의 유산을 물려주신 셈이다.

1995년 부모님께서는 평생 처음으로 새집을 지으셨는데, 어머니의 당호를 건 〈백제실〉이라는 차실에 소박한 책상을 마련하셨다. 그 후 목포대학교 명예 공학박사가 되셨을 때나 아버지의 귀한 자료와 강의 원고 정리를 했을 때도 우리 부녀는 의자에 앉아 행복하게 시간을 보냈으니 언제나 아버지의 의자란 나에게 큰 선물이 되는 단어임을 다시 한번 생각한다. 오륙 년 전부터는 자연스럽게 엄마가 늘 계시는 주방의 식탁 의자에서 엄마와 같이하는 시간을 좋아하셨다.

당신의 앞에 늘 누군가를 앉혀놓고 차 얘기하시길 너무 좋아하셨던 아버지! 아버지를 만나 보았던 많은 분들이 기억하는 아버지는 '차를 너무 사랑하는 열정적인 참 차인'이 아닐까?

2004 ⓒ 박홍관

우레시노(嬉野) 추억

"기록으로 남겨라."

"좋은 것은 꼭 배워라."

"사진 증거를 남겨두어라."

이 말들은 아버지께서 내게 자주 하셨던 가르침이었다. 그래서인지 지금처럼 사진 찍는 일이 쉽지 않았던 시절에도 많은 사람들이 모이거나 가족 행사가 있을 때 절대 빠질 수 없었던 사진사 아저씨가 계셨다. 보통 일 년에 두어 번은 집으로 출장을 오셨던 분이셨는데 학동시장 입구에 있었던 명동사진관 사장님이셨다. 물론 전 가족이 차려입고 엄숙하게 폼을 잡고 있는 추억이 새록새록한 흑백의 사진관 사진도 남아 있지만. 생각건대, 아버지의 철저한 기록의 습관 덕분에 지금 내가 이 글과 사진을 이렇게 책으로 엮을 수 있었던 것 같다. 내가 대학교 1학년, 동생 귀주가 고등학교 1학년, 연옥이가 중학교 1학년이 되었을 때 사진사 아저씨를

1976년 명주. 귀주. 연옥

불러서 사진을 한 장 찍어 주셨는데 엄마가 예쁘게 맞추어 주신 한복을
입고 찻상을 마주하고 앉아서 차회를 하는 사진이 그것이다. 세월을 되
짚어 보니 40년이 넘은 사진인데도 그 당시의 행복했던 웃음소리가 쟁
쟁하게 들리는 듯하다. 이 한 장의 사진은 어느 때부터 기억 속에서 희미
해졌는데, 9년 전쯤인가 L.A에 사는 연옥이 집 거실에 색동저고리 입은
세 자매가 찻잔을 들고 환하게 웃으며 차를 마시는 사진을 발견하곤 꺅
소리 나게 반가웠었다. 그 당시에 중1이었던 연옥이도 그 기억이 강하게
남아 있었나 보다. 사진 속에서 웃고 있는 저희들 엄마가 예쁘고 앳되어

보였는지, 미국 조카 정연이가 엄마에게 그려준 작설 새 그림이 바로 표지에 있는 작설차를 따르는 그 그림이다. 아버지의 기록 정신은 지금도 오래된 앨범 속에서 줄무늬 원피스를 입고 차밭에서 웃고 있는 소녀의 모습으로, 부모님께서 자랑스러워하셨던 전남여고 교복에 흰 모자 여고생의 모습으로, 6남매를 나란히 꽃밭에 줄을 세워서 커다란 캐논 사진기로 셔터를 눌러대는 아버지의 목소리까지도 기록이 되었다.

아버지는 90년도 중반쯤부터 일본 출장길에 인상 깊었던 그들의 근면함과 성실성을 딸들에게도 보여 주고 싶어 하셨다.

"일본인에게서도 배울 점은 배워야 한다. 저것 봐라. 식당에서도 흐트러짐 없이 신발 정리 정돈하는 모습을, 공중도덕을 철저히 지키는 모습을, 곳곳에 있는 근면하고 정갈한 일본인의 모습을." 하시면서 여러 번 일본 여행을 데려가 주셨다. 아버지는 시집간 딸들까지 모두 불러 모아서 일본으로 견문을 넓히기 위한 여행을 계획하셨다. 기억에 남는 여행이 있다. 셋째 연옥이는 그때 작은딸 서영이가 네 살이었는데 떼어 놓고 갈 수가 없어서 아버지, 엄마, 딸 둘(언제나 택시 한 대로 움직여야 한다며 딸들을 둘씩 교대로ㅅㅅ), 조카 서영이와 함께 우레시노로 온천 여행을 갔는데 연옥이가 챙겨온 짐에서 모두 웃겨서 뒤로 넘어갈 뻔했던 물품이 있었으니, 그건 바로 4년을 사용하여 누더기 상태의 아기이불이었던 것이다.

서영이의 수면 필수품이라는 설명을 듣고 또 한 번 엄청 웃었던 생각이 난다. 그때 처음으로 부모님과 동생과 같이 갔던 일본의 지명이 우레

(嬉), 시노(野)였다. 처음 일본 길이라서 그랬는지 우레시노라는 이름은 우리 식구들 사이에선 일본의 또 다른 이름이기도 하다. 여자가 차 따는 모습이 기쁘고 즐거운 들판이라는 이름답게 몇백 년 된 오래된 차나무도 많았고 차 생산량도 많다는 아버지의 설명을 기억하고 추억해보니, 아무런 시름없이 아기처럼 보호받았던 부모님과의 여행길이 그립고 또 그립다. 우레시노뿐만이 아니라 오사카, 교토, 시즈오카 등 차박람회나 차유적지도 늘 보여 주고 싶어 하셨던 아버지. 교토의 여행 추억 하나, 교토는 말차 생산지로 유명한 곳이다. 말차 공장을 견학 갔는데 그곳에서 기모노 입고 말차 다완을 든 미인들의 사진을 다섯 장을 사 오시는 것이었다. 어디에 쓰시려나 궁금했지만, 그냥 필요하신가보다 라고 생각했다. 집으로 오시더니 갑자기 사진을 펼치시며 하시는 말씀에 우리들은 파안대소하며 여행의 피로를 싹 날려버렸다. 말씀인즉, 우리 딸 다섯이 일본 최고 미인들보다 몇 배는 더 예쁘다. 그래서 한복을 입고 이러이러하게 포즈를 취한 딸들의 사진을(지금의 표현으로 하자면 '인생 사진') 꼭 찍어 줘야 하겠다는 말씀이었다. 그 여행 이후에 아버지께선 여러 차례 사진을 찍어보자 하시며 우리들을 불러 모았지만 결국은 이루어지지 않았다. 돌이켜보니 후회가 되지만 굳이 아버지께 한 말씀 드리자면 "아버지, 제나이가 환갑이 되었네요, 아버지가 보시기에 그때보다 지금이 더 예쁘지 않아요?"

차생원 연가

　지금도 '한국제다', '차생원'은 건재하지만 차생원이라는 이름은 1988 년 서울 올림픽 때 서울의 롯데 백화점에 입점하면서 생긴 이름이다. 말 차가 막 생산되고 올림픽을 기념한다는 의미도 있어서 서울에 점포를 내 게 되었다. 개점을 앞두고 이름을 뭐로 할까 고민하시며 두 분이 함께 일 본에 견학을 가게 되었다. 말차 생산지인 우지로 가는 신간센 기차를 타 고 이동을 하는데 후지산 옆을 지나던 중, 그때 아버지는 후지산을 바라 보며 기막힌 이름을 생각해 내셨으니 바로 '차가 생생하게 살아있는 정 원'이라는 뜻의 차생원. 결론은 차생원이었지만 처음엔 두 개의 이름을 생각해 내셨으니 '서생원'과 '차생원'

　엄마는 서생원이 좋다 하셨다나. 그러나 전국에 차를 판매하는 프랜 차이즈 개념의 점포를 염두에 두고 있던 아버지는 차생원이 더 낫다 하여 그 이름으로 결정을 하신다. 이후로 차생원은 전국적인 판매망을 가지게 되었다. 서울, 부산, 광주, 울산, 창원, 정읍, 백화점, LA 등.

나는 1994년 6월에 광주 예술의 거리에 차생원을 개업하였는데, 부모님의 후광으로 별문제 없이 운영하였다. 1년이 지나고 2년이 지나고 예술의 거리에서 20년이 넘는 세월을 차생원 주인으로 살아온 것이다.

차에 관심 있는 분들을 만나면 시간 가는 줄 모르고 이야기꽃을 피우기도 했고 녹차는 물론, 홍차도 배우고자 찾아오는 분들께 강의를 하기도 했다. 특히 홍차반은 200명 가까이 공부하기도 했다. 정직함을 모토로 한 곳에서 성실하게 차생원이 운영되다 보니, 어느덧 차생원은 광주의 작은 쉼터, 아니 차인들의 방앗간이 되었다. 항상 사람들의 온기가, 시끌벅적한 만남이 좋았던 차생원은 차 문화의 사랑방으로, 차 문화를 꽃피워 올린 훈훈한 공간으로, 지금까지도 기억되고 있다고 하니 많은 분들의 사랑에 가슴이 뜨거워진다. 그 누구라도 차에 관심을 보이면 열정적으로 목소리에 기쁨을 감추지 못했던 아버지와 사람들에게 따뜻한 밥 한 그릇 대접하기를 좋아하셨던 엄마, 두 분의 기질이 고스란히 내게 전해져 온 것이 정말 감사하다. 내게 있어 차생원이란 가업을 잇고 있다는 뿌듯함과 가업의 무게를 지고 있다는 부담감과 부모님처럼 존경받는 차인이 되고 싶다는 바람을 모두 품고 있는 젊은 날의 한 페이지로 남을 것이다.

모태차인

　나를 두고 사람들은 모태차인이라 부른다. 말 그대로 엄마 뱃속에서 부터 싹이 튼 차인이어선가 보다.

　아버지가 1958년 처음으로 '한국홍차'라는 이름으로 가내수공업 형태의 차 공장을 차리셨는데, 아장거리는 아이였던 나는 한쪽에서 홍차를 만들고 한 쪽에서는 동네 아줌마들이 주욱 앉아서 궤짝 같은 박스 위에서 포장하고 소박스에 차를 담는 작업을 하는 그 속에서 놀기를 좋아 했다고 한다. 초등학교 입학 전의 기억은 그 방에 가득 앉은 아줌마들과 이른 아침에 티백 겉포장지의 종이 붙이는 풀을 쑤는 바쁜 엄마의 일손이었다.

종이를 반으로 접어 풀로 붙인 다음 그 속에 홍차 티백을 넣어서 봉하는 작업, 작은 박스에 가지런히 들어가 있는 그 홍차, 그 사이를 뛰어 다니며 놀이터 삼아 놀았던 어릴 적 기억들, 저녁이 되면 얼굴에 옷에 여기저기 묻어 있던 홍차 가루를 털어 주시던 아버지의 크고 좋았던 손, 그 곳이 언제나 기억 속에서 쉴 수 있는 나만의 비밀의 낙원 같은 기억이다.

미미했던 한국의 차 산업은 1951년, 그 역사적 시작점으로 거슬러 가 보자. 아버지는 1931년 5월 25일 생이시다. 차인들은 모두 그 날을 아시리라, 바로 1985년 5월 25일에 제정된 '차의 날'과 같은 날이라는 것을.

평생을 함께 할 차와의 운명적인 출생이 아닐까라는 생각이 든다.

어린 소년일 적에도 아버지의 심부름으로 광양 백운산 언저리에 '잭살' 잎을 따러 다녔다. 그 어린 소년은 잭살 잎을 찌고 비비고 말리고 동전처럼 만들어 문지방 위에 매달아 놓고 가족의 상비약으로 음용을 했던 어린 날의 기억이 생생했겠지.

배가 아파도 잭살을 다려 먹고,

으슬으슬 고뿔이 들어도 잭살이요,

공부하다 잠이 오면 당연히 잭살을 다려 마셨다 한다.

그 시절의 만병 통치약이 바로 '잭살'

그 잭살을 다시 만나서 아버지의 눈을 번쩍 뜨이게 만들었으니, 바로 공업용 착색제로써 잭살 잎이 쓰인다는 사실이었다.

어수선한 그 시절에는 음료용으로 녹차를 마시는 사람은 극소수였다. 그래서 금속착색제로 쓰이는 찻잎을 부산에서 만났으니 얼마나 반가웠을까.

다니던 직장을 바로 그만 두고 찻잎 납품을 시작하셨다.

장인이 계시는 장흥과 형님이 교사로 근무하시는 순천, 친가인 광양에서 찻잎을 수거하여 배편으로 부산항에 도착하면 알미늄 공장으로 납품하였다. 몇 년을 성업 중이던 차납품은 독일에서 화학염료가 들어오면서 막을 내리게 되었다. 그러나 몸에 배어 익숙한 어릴 때 차의 기억과 자신감 하나로 음료 사업을 해보기로 결심을 하셨다. 그리하여 내가 태어 나던 해, 1958년, 순천시 인제동에 '한국홍차'로 차류 제조를 시작한다. 이것이 내가 태어 나던 1958년에 시작된 차산업의 운명적 만남이다.

부녀의 운명에 이은 아버지와 나의 공동 운명인 셈이다.

태평양화학 서성환 회장님과의
만남과 추억

1981년 태평양화학 소속 다도 강사로 활동하던 모습

서 양, 나하고 같이 차를 보급하는 일을 해보자."

대학 졸업반이던 내게 태평양화학의 서성환 회장님은 이런 제안을 하셨다. 대기업의 회장님께서 광주를 찾아오셔서 아버지와 다담을 나누시는 자리에서 조용히 작설차를 우리고 있던 내게 느닷없이 이런 말씀을 하시는 것이었다. 그때 나는 사범대학 졸업을 앞두고 진도에 있는 한 학교에 가정과 교사로 발령을 앞두고 있던 때였다. 느닷없는 제안을 받았다고 생각했었지만, 회장님은 날 처음 만나면서부터 줄곧 서울로 데려갈 궁리를 하셨나 보다.

바야흐로 그때는 서성환 회장님과 아버지께서 제조원과 판매원의 관계가 되어 즉, 한국제다와 ㈜태평양화학이 손을 잡고 녹차 생산을 코앞에 둔 때였다. 더 거슬러 올라가 보면 두 분의 인연은 이러하다. 1970년 중반쯤, 서성환 회장님은 회사의 이미지 변신을 위해 큰 결심을 하게 되는데, 그것이 바로 우리 고유의 문화이기도 한 녹차를 생산하여 전통을 살려보자는 것이었다. 70년대는 우리나라의 녹차 인구가 아주 미미하던 때이다. 당연히 회사의 중역들은 사업성이 없다며 반대가 심했고 누구하나 관심을 두지 않았다 한다. 그러나 서성환 회장님이 의지를 꺾을 수 없었던 국제적인 자존심이 걸린 일이 있었으니 그것은 외국 출장길에서 마주한 차 문화의 충격이었다고 하셨다. 특히 일본에서 차 문화로 인한 은근한 무시는 회장님의 전의를 불태우는 계기가 되었다.

'인류를 아름답게 사회를 아름답게'라는 회사의 캐치프레이즈에서 '마음을 아름답게'라는 문구를 추가하여, 70년대 중반에 본격적으로 국내에 있는 녹차 사업의 파트너를 물색하기 시작한다. 그렇게 검토에 검토를 거쳐 선정된 파트너가 바로 광주에 있는 한국제다였다. 곧바로 서 회장님은 아버지를 찾아서 광주로 내려오셨고 광주 관광호텔 스위트룸에서 두 분은 역사적인 만남을 가지게 된다.

같은 길을 걸어갈 두 분의 만남은 더없이 진지했지만 서 회장님은 아버지를 '종씨장'이라고 부르시며 격의 없이 의견을 나누셨다.

그 옆에서 나는 차와 다기를 준비하여 차를 정성껏 우려 드렸으니 우리 차의 부흥기에 접어든 그 순간에 나도 한몫을 했다는 뿌듯함을 가진다. 서울에 가자는 그 말은 대학을 졸업할 때까지도 광주를 떠나본 적이 없었던 내게 모험심을 자극하는 계기가 되어, 나는 두어 달 후에 서울 용산의 본사에서 사회에 첫발을 내딛는 회사원이 되었다. 연수부와 식품사업부 소속이 되어 전 신입사원에게 다도 강의를 한 태평양화학 1호 다도 강사라는 이력도 얻게 되었다.

태평양화학이라는 대기업에서 근무를 하게 된 나는 서성환 회장님의 세심한 배려 덕분에 타향에서 시작한 직장생활을 순조롭게 할 수 있었다. 종종 회장실로 불러서 차 한 잔 내어 주시며 잘 지내고 있는지 물어보시고, 가끔 제주도 출장길에도 동행을 했다.

대학을 졸업하던 1980년부터 3년을 근무하고 광주에 내려왔는데, 그 3년의 용산 생활 중에서 가장 인상 깊었던 일은 '설록차'라는 이름을 만난 일과 회장님의 우리 차 사랑이라 할 수 있다.

설록차'라는 이름은 원래 한국제다에서 출시할 차로 아버지께서 지어둔 이름이었다. 그런데 태평양화학에서 처음 선택한 차의 이름은 바로 '삼다차'였다. 삼다차라는 이름을 달고 제품이 나온다는 소식을 들은 아버지께서는 망설임 없이 '설록차'라는 이름을 회장님께 드렸다.

훗날 그 이름은 우리나라 녹차의 대명사처럼 많은 이들의 사랑을 받는 이름이 되었다. 내가 생각해도 참 예쁘고 기억에 남는 이름인데 조금 아깝다는 생각도 들었다. 아버지는 그분을 차의 영웅이라고 말씀하시며 그 이름을 드린 일에 대해서 끝까지 뿌듯해하셨다.

서성환 회장님은 차의 대중화에 큰 족적을 남기신 게 틀림없는 분이시다. 그리고 지금 돌이켜 생각해도 속이 후련하게 사내에서 보여 주신 회장님의 차 사랑은 잊을 수 없다.

설록차가 출시된 직후, 사내의 모든 음료는 녹차만 허용되었다.

나야 당연히 녹차를 마셨지만, 가끔 커피를 못 잊어 사무실에서 몰래 커피를 마셨다 하면 회장님의 암행 시찰에 딱 걸리는 것이다. 일고의 여지 없이 그 직원은 시말서를 써야 했다.

커피 한 잔에 시말서라니, 사내에서 불만도 터져 나왔지만, 바로 그때 내게는 회장님이 차의 영웅이셨다. 당신의 그 큰 사랑이 이제 우리나라에서 녹차에 대한 상징이 되었습니다. 그리고 그런 사랑이 우리에게 문화로 영위되게 되었습니다.

그렇게 차를 사랑한 당신에게 진심으로 감사드립니다.

무죄_ 할아버지 49재에

시/김인경

무죄!

땅, 땅, 땅

당신은 무죄입니다.

세상에서 제일 크고

세상에서 제일 단단하고

세상에서 제일 강한

나의 거인에게

부디

그렇게 말해 주세요

목포 동생 서아라의 큰딸 인경이가 할아버지의 49재에 쓴 시이다.

그때가 고등학생이었으니 조카 인경이의 마음에는 49재의 의미가 이렇게 와 닿았나 보다. 돌아가신 후에 49일 동안 인간은 심판을 받는다는 불교적 해석에 따른다면 우리 아버지는 무죄이실 것이다.

아버지의 일생에서 '절절하다'라는 말보다 더 어울리는 말을 찾지 못하겠다. 평생을 오로지 녹차 바라기로 외길을 걸어오신 큰 나무 같으셨던 아버지께 어떤 수식어가 더 필요할까.

내가 성인이 되기 전, 학생이었을 때, 차를 찾는 사람이 없다 보니 차 사업이 힘들었던 시절이 한동안 있었다. 가끔 아버지의 크고 단단한 어깨는 축 처지고 말이 없으시기도 하였다. 그럴 때면 외할머니는 딸이 고생하는 것이 안쓰럽고 속상해서 하시던 말씀이 생각난다. '서 서방은 장사를 하려면 쌀장사나 할 것이지 어째서 먹어도 그만, 안 먹어도 그만인 차 장사를 하누, 쯧쯧' 하고 말이시다. 그 말은 할머니와 아버지께서 우리 곁을 떠나가신 지금도 전설의 명언으로 남아 있다. 인간은 광활한 우주의 한 점으로 잠시 살다 가지만, 만인의 기억 속에 오래오래 남는 분들은 향기로운 분들이다. 아버지는 가셨지만, 큰사람의 향기, 참사랑의 향기, 그리운 향기로 오래오래 남으리라.

법정스님이 사랑한 차

　차를 마시다 눈이 번쩍 띄었다. 어디서 구한 차냐고 했더니 '한국제다'에서 엊그제 만든 햇차 '감로 甘露'라고 했다. 금년에 마신 햇차 중에서 내 구미에는 일품이었다. 그 감로, 단 이슬을 조금 전에 한잔 마셨다. 두 잔을 마시면 첫잔의 그 황홀한 향취가 자칫 반감될 수도 있으니까. 아름다움이나 향기로움에는 좀 덜 찬 아쉬움이 남아야 한다.

　아름다움이나 향기의 포만은 추해지기 쉽다. 넘치는 것은 모자람만 못하는 법이다(법정스님의 '버리고 떠나기' 중에서).

　차사랑에 타의 추종을 불허하는 분이 계시다면 법정스님과 금강 스님을 제일로 꼽고 싶다. 무소유와, 텅 빈 충만을 실천하신 법정 스님은 또 이런 말씀을 남겨 주셨다.

'무소유란 아무것도 갖지 않는다는 것이 아닙니다.

불필요한 것을 갖지 않는다는 것입니다.'

'물속에 있으면서도 목말라하는 것은 인간이 물질적인 추구에만 집착하기 때문입니다. 탐욕을 버리고 덜 쓰고, 덜 버리면서 자연과 함께 늘 깨어 있어야 합니다.'

스님은 차 한 잔을 권하며 온화한 말씀으로 삶의 지혜를 주시기도 하고 얼음선사의 일갈로 욕심에 찬 사람들을 불벼락 호령으로 나무라기도 하셨다. 그러나 울밑에선 봉선화를 잘 부르시고 부모님과 차를 타고 가시면서 팥아이스크림을 맛나게 드시던 스님을 만났던 사람들은 더없이 다정한 분으로 기억한다.

미황사의 금강스님은 열정으로 미황사를 중흥 시킨 학승이시다. 그래도 우리는 금강스님을 다승(茶僧)으로 늘 존경해 마지 않는다. 스님이 다승이 되신 이유라면 미황사를 찾아 오는 사람들에게 시와 때와 사람을 가리지 않고 손수 녹차 한 잔을 같이 하신다는 것일게다. 스님이 다구를 챙겨 미황사의 좋은 물로 우려내 '차 한 잔 합시다' 라고 말해 주는 그 순간을 기억하는 분들은 공감을 할 것이다. 종종 스님의 방 앞에는 스님이 만들어 주시는 차를 마시려는 사람들로 가득 차있기도 하다. 나도 엄마를 모시고 미황사를 가면 가끔 이런 우스개 소리도 해본다. '스님, 대한민국의 스타 스님이 되셨네요'

그 말을 들은 스님은 소년같은 미소를 지으시며 멋쩍어 하신다.

그래도 스님의 차를 마시고 가는 사람들의 얼굴에는 녹색의 에너지로 충만하다. 반드시 또 다시 올 것이라는 다짐과 함께.

스님의 사명소(謝茗疏)

우리의 차문화사에서는 차를 얻고자하는 간절한 애원과 애교 섞인 협박이나 훌륭한 문장으로 차에 대한 욕심을 포장한 훌륭한 걸명소라는 글들이 있다. 말 그대로 '차를 구걸하는 글'이다. 다산 선생이나 추사 선생의 걸명소는 한 폭의 아름다운 동양화를 보는 듯, 웃음이 훅 터지는 애교와 앙탈을 부리는 걸명소도 있다. 친구인 초의 스님에게 차를 좀 보내 달라는 추사의 걸명소에는 '나는 스님의 편지는 받고 싶지도 않고 스님이 보고 싶지도 않소. 다만 차에 대한 미련만 가득 하니 한 해 거른것까지 하여 두 배로 보내 주시오. 그렇지 않으면 불호령이나 몽둥이가 날아 갈거요' 라는.

현대에는 차를 구하는 길이 매우 쉽다 보니 구태여 구걸하는 일은 거의 없다. 그러나 정성스럽게 만든 차를 받고서 감사의 글을 써서 보내 주신 법정스님의 걸명소 아닌 사명소 한 장을 세상에 소개하고 싶다. 아버지께서는 해마다 햇 차가 나오면 누구보다도 먼저 정성껏 만든 차를 보내셨는데, 그 차를 받으신 스님이 정이 듬뿍 배어 있는 편지를 보내신 것이다.

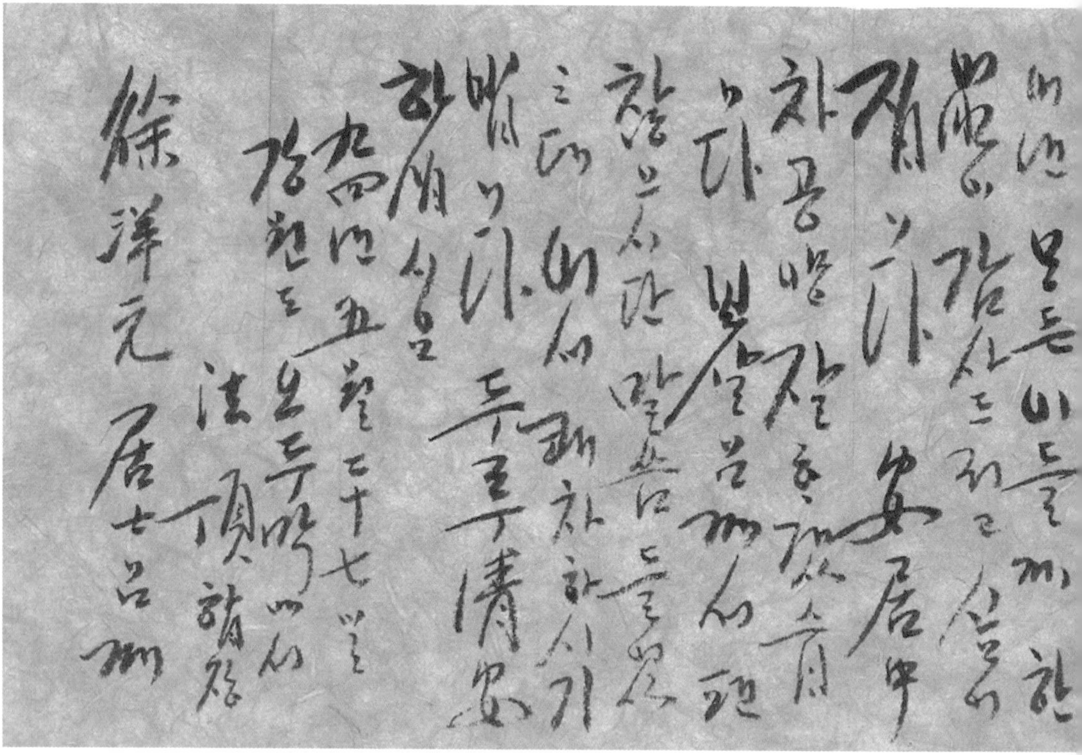

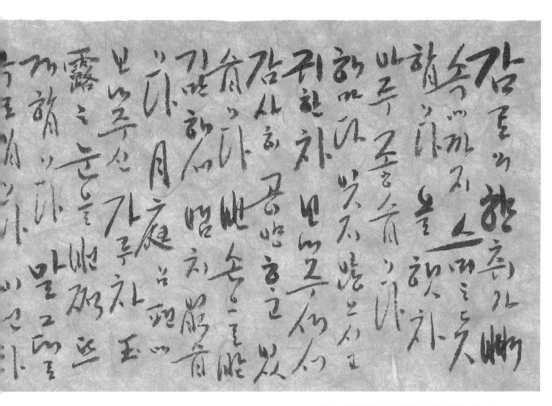

글_ 법정스님이 아버지에게 쓴 편지

2부

|

———

거목의 자취를 따라가다

차 농가와의 약속을 지키다

1970년대에 보성에서는 안타까운 일이 벌어졌다.

일본강점기에 조성된 보성 다원에서 차를 생산하고 판매하는 차 농가가 백 가구가 넘게 있었는데 아시다시피 차 소비량이 아주 미미했던 시절 아니던가. 다원에서 생산된 차는 판매처를 찾지 못하고 수년간 적자가 이어져 급기야 차농들은 차나무를 뽑아 버리고 대체작물로 전환하려 했다고 한다.

한국제다 역시도 힘든 상황이었지만 아버지께서는 오래된 다원을 보존하고 차농을 살리고자 결심하셨다. 그것은 바로 54세대의 차 농가와 일일이 수매계약서를 작성하는 일이었으니, 10년간 한국제다에서 농가의 차를 전량 수매할 테니 차밭을 없애지 말아 달라는 뜻이었다. 그 수매계약서는 현재 보성의 차 박물관에 귀중한 역사적 자료로 인정받아 전시

되어 있다. 만약 아버지의 선구자적인 노력이 없었다면 보성의 아름다운 차밭들은 지금과는 조금 다른 모습이 되어 있지 않았을까? 대한민국 식품명인 신청서를 만들면서 공증계약서를 처음 보게 되었는데 그때 아버지께 여쭈어 보았다. "아버지, 40년 전에 무모하게 왜 그런 결심을 하신 거예요? 백 집에서 다 수매해서 차가 안 팔리면 어쩌려고…."

"그때는 자식 같은 차나무들을 모두 베어 없앤다 하니 그저 살리고 싶은 생각만 나등마. 근디 지금 생각해보니 하늘이 도왔는지 바로 판로가 열렸고 크게 손해도 없었단께."

자식 같은 차나무라는 말씀을 듣고 보니 한 길 인생을 살아오신 아버지에게 차나무는, 찻잎 하나하나는 정말 귀한 자식이었겠구나 싶었다. 그래서 차를 만드는 5~6개월 동안은 절대로 기계 옆에서 떨어지지 않던 참된 차의 장인이 되신 것이 아닐까 한다.

서기壹九七五年 증제 五八〇 호

①

공정증서정본

광주지방검찰청소속

공증인 김 희 주 사무소

증 제五八0호

광주시 중구 지산동 7zz 변사니 1 발행인 나 응철. 12금. 10.9일성

보성산 보성읍 보성리 150의1뒤대리인 최 연 ○○○○○) 10.16일성

광주시 동구 학동 644의14 수취인 서 양원. 1931. 6. 2z일성

위자는 壹九七五년 ○ 월 拾五일 본직에 대하여 본 약속

어음의 발행 및 그 서명날인을 자인하고 본 약속어음 소지

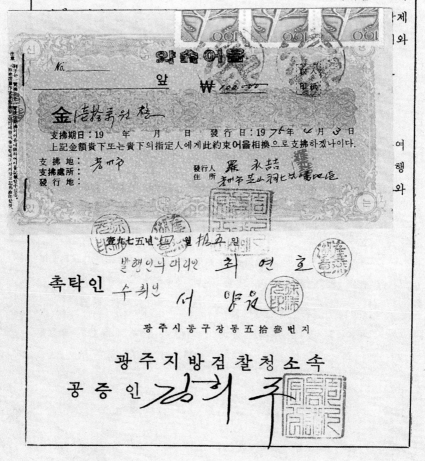

축탁인 수취인 서 양원

광주시 동구 장동 五拾參번지

광주지방검찰청소속

공증인 김 희 주

茶葉 納品 契約書

茶葉을 納品함에 있어 契約 便利上 納品者를 甲이라 買受者를 乙이라 稱하고 다음 各項의 契約을 締結한다

第一條 契約 期間은 西紀 1975 年부터 西紀 1984 年까지 滿十年間으로 한다

第二條 本件 契約金으로 一金 五목 원整을 乙은 甲에게 支拂하고 甲은 正히 受領하며 契約 期間동안 無利子로 甲에 据置한다
契約 完了時는 甲은 遲滯없이 契約金을 乙에게 返済 하여야 한다

第三條 生葉 納品 價格은 1975年度는 生葉 1貫當 330 원整으로 定하고 76年 부터서는 當時의 紅葉製品價格에 準하여 3月中에 甲, 乙이 協定 한다

第四條 乙은 1976年度 부터 甲에게 生葉前渡金 條로 3月부터 6月 사이에 支拂하고 甲은 當年 納品 生葉 代金 에서 控除 한다

第五條 茶生葉의 納品 規格은 一芯四葉 以內로 하고 採取時期는 甲, 乙 合意下에 決定한다

第六條　茶生葉 代金의 支拂은 納品日로 부터 十日 以內로 한다

第七條　茶生葉의 納品 場所는 甲.乙 合意下에 交通이 至便한 場所로 한다.

第八條　乙은 1976年 一番茶부터 可能限 現地(寶城郡 會泉面)에서 製茶할수 있는 施設을 갖춘다

第九條　甲은 不得已한 事情으로 本件 茶園을 賣渡할 時는 其卽時 乙에게 通告하고 乙로 부터 받은 契約金 또는 前渡金을 遲遲없이 返濟하여야 한다.

第十條　甲의 所有 茶園에 天災地變 其他 不可抗力으로 因하여 茶葉의 採取가 不可能 할時는 前渡金의 一部또는 金額의 償還을 壹年間 延期할수 있다.

第十一條　乙이 國家政策의 變化 또는 天災地變 其他 不可抗力으로 因하여 茶葉을 需要하지 않을수 있다

第十二條　乙이 利害 打算上 故意로 茶葉의 買受를 거피할時는 甲이 要求하는 應分의 辨償을 하여야 한다

第十三條　乙은 甲의 茶園 肥培管理狀況을 指導 監督할수 있으며 甲이 茶園의 管理를 소홀히 한다고 認定할時는 乙은 本件 解約을 要求할수 있으며 甲은 契約金 及 前渡金 全額을 倍償한다

第十四條 乙은 甲의 違約 를 對備하여 甲의 不動 및 契約金 倍額의
公証부 約束어음을 乙에게 發行한다

第十五條 甲이 乙의 承諾없이 他에 茶生葉을 流出時는 乙이 要求하는
應分의 辨償을 하여야 한다

第十六條 本契約에 關하여 분쟁이 有할 時는 光州民事地方法院 관할로
한다

第十七條 本契約에 明示되지 않은 事項에 關하여서는 法律과 관예에
依한다

本 契約을 証하기 爲하여 契約書 二通을 作成 備記 署名 捺印

하고 各各 壹通式 保存한다

西紀 1975 年 6 月 3 日

乙 住所 光州 東區 鶴洞 644의 14 韓國製茶工業社

姓名 徐 洋 元

甲 住所 광주시 지산동 七號 이흥동네

姓名 羅 永 喆

連帶 保証人

住所　　寶城郡　会泉面　花竹里壱0參之番地

姓名　　　　　房 風 鎬

住所　　寶城郡　会泉面　花竹里壱0參之番地

姓名　　　　　羅 乙 出

茶園 의 表示 (所有者 姓名　　　　　　　　　　)

郡	面	里	地番	地目	地積	茶園의面積	備考
宝城	会泉	花竹	961二	田	2463		
		〃	961五	田	3846 4137	3.5町	
		〃	961一	田	4137		

일지암 복원

해남 대흥사의 일지암은 오늘날 차의 성지라 불리는 모습이 되기까지 많은 차인들의 노력이 스며 있는 곳이다. 복원이 논의되고 시작될 무렵 아버지를 따라 일지암을 여러 번 올라간 적이 있다. 그때가 1976년이었으니 일지암 복원을 논의하던 어른들 가운데 이제 고인이 되신 분이 많다. 그때는 철이 없었던 때인지라 올라가는 길이 험하고 힘들어서 그저 따라 올라만 갔었다. 그러나 박동선 이사장님(초대 한국차인연합회 이사장), 김미희 여사님(명원문화재단 설립자), 이귀례 한국차문화협회 이사장님, 정영선 선생님, 해남 차인회 어른들(김봉호, 김재현),

여연 스님 등 한국 차 역사에 한 획을 그은 걸출한 분들과 함께 일지암 동행을 했으니 지금 생각하면 대단한 일이 아닐 수 없다.

그때는 아버지를 따라 별생각 없이 올랐으나 지금 일지암 올라가는 길은 그리 험하지 않고 수월하게 갈 수 있다. 초의 스님과 아버지의 숨결을 따라 다시 가본 일지암 길은 두 분을 뵈러 간다는 기쁨을 주는 길이 되었다. 그 언덕과 산길은 추사가 제주 대정현으로 유배 가는 길에 육지에서 마지막 밤을 보내고자 초의 스님을 찾아 올랐던 길이고, 소치 선생이 초의 스님을 만나러 기쁨과 설렘을 가득 안고 올랐던 그 길이 아닌가. 허물어진 그때의 일지암은 차인들의 노력으로 곧 복원되어 1980년 4월 6일에 복원식을 거행하여 지금의 모습을 갖추었다.

40년 세월이 지나 지금의 일지암은 차인들의 사랑과 염원으로 전국의 차인들이 찾아와 경배의 예를 갖추는 차의 성지가 되었다. 현재는 법인 스님이 주지 스님으로 굳건히 보살피고 있다.

아마도 아버지는 그때 마음의 염원을 세우셨으리라. 언젠가는 초의 선사의 동상을 헌정해야겠다는 혼자만의 비밀스러운 계획에 씨를 뿌리셨고, 그 간절한 염원은 1995년 제4회 초의대상 수상자로 선정되시어, 다시 한 번 굳건한 결심의 싹을 틔우셨다.

초의 선사 동상을
헌정하다

　해남의 대흥사에는 우리나라 차의 역사에서 큰 성인으로 추앙받는 초
의 스님의 동상이 있다.

　대웅전 위쪽의 서산대사와 초의 선사 기념관 옆에 모셔져 있는데 아
버지께서 20년 전인 1999년에 헌정하셨다. 해마다 초의제를 참석하여
헌다를 할 때마다 감회가 새롭다. 시간을 거슬러 올라가 보면 1999년 초,
아버지께서 혼자만의 소원으로 품어 오신 초의 선사의 동상 만드는 계획
을 조심스럽게 내게 말씀하셨다. "내가 차 사업을 하면서 이제는 어느 정
도 먹고 살게 되었다. 새삼 초의 선사를 가슴에 새기고 보니 은혜에 보답
하는 의미로 동상 헌정을 하고 싶구나." 동상을 세우겠다는 그 말씀은 내
게 커다란 울림으로 다가와서 그 말씀을 듣고 나니 가슴이 막 쿵쿵거리
는 것이었다. 나는 그 길로 바로 조선대학교 미술대학의 교수이신 김인

경 교수를 찾아갔다. 김 교수님께 아버지의 뜻을 전하고 며칠 후에 다시 만날 약속을 하고 돌아왔다.

삼사일이 지나 다시 김인경 교수를 만나서 구체적인 사업계획을 들어보았다. 그래도 가장 중요한 일은 비용의 문제. 왜냐하면 100퍼센트 사비로 제작되므로 너무 금액이 많으면 추진하기가 어려울 수도 있어서이다. 최상급의 재료인 동(銅)의 가격, 작품비, 인건비 등등까지 따지니 엄청난 금액의 돈이 소요되는 것이었다. 나는 예상보다 높은 금액을 듣고 깜짝 놀라 무거운 발걸음을 아버지께로 향했다. 아버지 역시 크게 실망하시면서 다른 방법을 찾아보자고 하셨다. 그 날 나는 아버지의 실망하신 모습이 자꾸 떠올라 밤새 잠을 설쳤다. 며칠이 지나 나는 중대한 결심을 하고 다시 김인경 교수를 찾아갔다. 옛날에 왕과의 독대가 이토록이나 비장했을까? 나는 동상에 대하여 다시 간절하게 설명드리면서 솔직 담백하게 부탁을 드렸다. 가격을 깎아달라고….

지금 생각해보니 어떻게 그런 용기를 냈을까 싶다.

내 말을 다 들어본 교수님은 잠깐 생각을 하시더니 답을 주셨다. 아버지의 뜻을 받들겠노라고. 그리고 동상은 몇 개월 후에 대흥사 경내에 세워졌다. 부처님의 뜻을 따라 사는 김인경 교수님은 동상 제작 기간 동안 새벽마다 목욕재계하시고 구도하는 마음으로 제작하셨다고 하니 두고두고 고마운 분으로 기억할 것이다.

아버지의 평생 염원과 동상을 만드신 분의 경건한 손길을 거쳐 드디어 초의 스님이 추사를 만나고 소치를 만나고 동다송을 집필하시던 대흥사에 이백 년의 세월을 거슬러서 다시 오신 것이다. 막내 제부인 보림제다 임광철 사장은 장인어른의 명을 받들어 대흥사에서 몇 달을 살다시피하며 최상의 석재와 주변 조경에 혼신의 힘을 쏟아부었다. 뿐만이랴. 많은 차인들도 기도하는 마음으로 초의 대선사의 모습을 뵙기를 염원하였을 것이다. 길고 긴 기다림 속에 드디어 1999년 10월 29일! 초의 대선사께서 우리에게 오셨다.

그 날! 초의 대선사께서 오신 날,

차인들의 축하와 감격 속에 당연히 해야 할 일 하나를 했다는 기쁨에 빛나던 아버지의 환한 얼굴을 어찌 내 평생 잊을 수가 있으리.

명예공학박사

2004년 6월 10일, 국립목포대학교에서는 운차 서양원 한국제다 회장 명예 공학박사 학위 수여식이 있었다. 우리 가족 모두는 기쁨과 흥분을 안고 수여식을 지켜보았고, 많은 분들의 축하와 찬사 속에서 하루를 보냈다. 하객들께 아름다운 찻자리와 함께 차를 드리는 차인들의 얼굴에는 자부심으로 가득 찼고 마치 자신들의 영광인양 뿌듯함을 감출 수가 없었다.

차 산업의 선구자로서 60여 년 외길을 묵묵히 걸어오신 박사님의 학위 영득은 개인의 영광뿐 아니라, 차를 사랑하는 모든 사람들의 기쁨이라는 이환의 의원님(아버지의 오랜 친구셨다)과 이원홍 한국차문화협회 전 이사장님의 축사가 더해져서 그날은 마치 차인들의 잔치가 된 듯 더없이 좋은 하루였다. 그렇게 잊을 수 없는 날은 나에게도 생의 중요한 결심을 하게 만드는 날이 되고 말았다. 왜냐면 그날 밤에 가족들이 모여 앉아 차를 마시며 하신 말씀이 남았기 때문이다.

"내 평생 노력했다. 명예박사학위를 받기까지 최선을 다해서 살았다. 그러나 내가 자식에게 바라는 것은 이제 하나, 박사 자식 하나 나왔으면 좋겠다."

난 그때 대학원을 졸업했던 때라 호기롭게 대답을 했다.

"아버지, 걱정 마세요. 내가 해버릴게요."라고.

2012년, 홀연히 아버지는 떠나셨고, 딸이 박사 되기를 원하셨던 아버지의 마음은 시간이 갈수록 내 맘속으로 파고들었다. 욕심 없이 사셨던 아버지가 딸에게 남긴 마지막 욕심인 듯하여, 쟁쟁한 울림이 된 채로 2년의 세월이 흘렀다. 결국, 나는 2014년 가을 학기에 아버지가 명예공학박사 학위를 받았던 목포대학교 국제차문화과학대학원에서 공부를 하게 되었다. 조기정 교수님을 지도교수님으로 모시고 만학도가 되어 졸업을 하고 2018년에 박사 학위기를 품에 안는 영광을 누렸다. 아버지와 딸, 2대에 걸쳐 박사라는 영광을 누리도록 큰 역할을 하시고 지도해 주신 목포대 조기정 교수님께 큰 은혜를 입었다.

2008년 명인 신청서 중에서

글/서민수

일제 강점기와 한국전쟁 등의 영향으로 산업적 뒷받침이 전무한 국내의 차와 차산업의 명맥이 완전 단절된 시기에 자생차밭의 발굴 및 보존, 생산에 이르기까지 우리나라의 차산업을 중흥시키기 위해 모든 노력을 경주하였다.

1970년대 정부농특산업으로 보성지역에 480ha의 다원을 장려조성하였으나 7년 후 차생산기에 들어 커피의 유입에 따른 어려움으로 다엽 수매를 외면할 때, 서양원은 54 세대의 재배농가와 10년 수매계약을 체결하고 전량수매로 전통차류의 맥을 이어가는 한편, 현재 보성녹차의 명맥을 유지하는데, 기반을 조성하였다.

또한 대부분의 차잎을 수매에 의존함에 따라 품질의 저하, 적기의 제다의 어려움 등으로 차산업발전에 지장이 초래되는 바, 1972년 전남 장

2009년2월 농림수산식품부 명인지정

성군 남면 산 57번지, 1979년 전남 영암군 덕진면 운암리 143-1번지,
1983년 전남 해남군 해남읍 연동리 산 23-1번지의 대규모 자체 직영 다
원을 조성하여 과학적인 다원관리와 국제경쟁력을 확보하고, 광주와 영
암공장의 위생적인 첨단시설을 이용하여 산업적으로 발전시키는데 큰
공헌을 하였다.

　현재 13개소의 차전문 판매점인 차생원을 운영하여 차문화와 차제품
보급에 기여하고 무료 차문화 및 제다 교육장인 운차문화회관을 전국 4
곳에 운영하여 차문화발전에 기여하고 있다.

기존 증차의 전래 제조방법은 시루에 차잎을 쪄서 솥에 덖거나하여 잎차의 형태나 고형차의 형태로 만드는데 이는 수작업의 비효율성, 장기 보관시의 산화에 따른 품질저하 등으로 인해 산업화가 힘들다고 보고 산업화가 가능하고 생산의 효율성을 증대하고자 증열기계 및 생산설비를 도입하여 산업화의 기초를 이룩하였다. 이에 세계적으로 권위있는 품평대회에서 입상하며 외국의 바이어들과 세계의 전문가들에게 좋은 반응을 얻고 있다.

반발효차의 국내 생산이 전무하던 1980년대에 국산차의 전통성과 다양성의 확보를 위해 "우롱차(烏龍茶)"란 품명으로 황차를 연구 개발하여 전래의 제다방법을 재현하고 더욱 발전시켜 중국의 우롱차와 다른 우리나라만의 독특한 맛과 향의 차를 개발하여 산업화 하였다.

지금으로부터 30여년 전에는 그 누구도 말차의 재현을 시도하는 사람이 없었지만 우리나라 말차의 역사는 신라시대까지 거슬러 올라간다. 소수의 동호인들만이 수입한 일본산 말차를 즐길 뿐이었으나 생산자가 전무한 상태였다. 그때 말차의 재현을 시도한 서양원은 많은 공로와 그 노력을 인정받아 다수의 상장과 2004년 6월 국립목포대학교 명예식품공학박사학위를 수여 받았으며, 현재도 우리나라 차의 저변확대와 산업화를 위해 차문화교육을 적극 지원하고 있으며 미국에 한국의 차를 판매하는 법인과 차생원 매장과 교육장을 운영하고 있다.

- 1951년 순천시 인제동에 "한국홍차"로 창립
- 1964년 4월 광주시 동구 학동 644의 14번지로 이전하여 작설차, 우롱 차 등을 생산
- 법률개정에 따라 1974년 2월 13일 보사부장관으로부터 다류 제조허가 제52호를 획득
- 1979년 3월 20일 작설차 식품제조품목허가 획득, 10월 광주시 동구 소태동 763의 4로 확장이전
- 1986년 황차의 대중적인 명칭인 "우롱차"로 식품제조 품목허가 획득
- 1988년 12월 1일 가루차 제조품목허가(보건사회부 장관)
- 1994년 상호를 "한국제다"로 변경
- 1995년 초의상 수상
- 1996년 10월 일본 시즈오카현청 주최 세계 차대회에 한국대표로 참가 하여 한국차의 국제적 위상을 높임
- 1997년 무료 차생활 교육장인 광주 운차문화회관 개관
- 1998년 광주광역시 유망중소기업 선정
- 1999년 11월 해남 대흥사에 다성 초의선사 동상을 순수 사비로 건립
- 2000년 3월 국세청 전통문화계승업소 지정
- 2000년 5월 한국차인연합회 선정 올해의 명차상 수상
- 2000년 10월 제2회 중국 국제명차 영예상 수상

- 2002년 국제명차대회에서 가루차, 우전차, 우전감로, 감로 3개부문에서 우수상 수상

- 2003년 광주공장에 최신형 전자동 시설완비, 고성능 이태리 자동티백포장기 도입

- 2004년 6월 국립목포대학교 명예 식품공학박사학위 취득

- 2005년 4월 미국 현지법인 및 LA차생원 개원 및 미국수출

- 2006년~2008년 미국 World Tea Expo에 단독참가하여 우리나라 차산업과 문화를 홍보

- 2008년 6월 광주 · 전남중소기업수출지원센터 지정 수출유망중소기업 선정

- 2009년 2월 대한민국 농림수산식품부 명인지정

- 2012년 8월 사단법인 다산연구소(이사장 박석무)가 선정한 제3회 다산다인상 대상 수상.

- 2012년 작고(作故)

한국제다 _ 영암 다원

3부

아름다운 동행

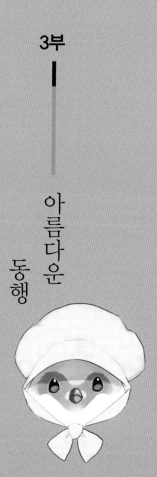

방작설헌(訪雀舌軒)

시/윤경혁

한 벗이 차 외길로 종신하니
천만인이 그 벗 거스르지 않아

소태동 잔디에 자리 펴면
매양 모이는 객을 맞아 최선이라

나날이 다달이 때 없는 손
돌아가는 입마다 그러이 한다

부자(父子)는 밖에서 근면하고
고부는 더욱 크게 내조한다.

1985. 5. 21

행원 윤경혁 선생님은 1980년대부터 차에 관한 저술과 우리나라의 차에 관련된 고서적 번역에 큰 공을 세우신 학자이시다. 직장을 가지고 계셨는데도 차에 대한 애정이 깊으셔서 '만시학당'이라는 모임을 만드시고 찾아오는 이들에게 고서적의 번역과 강좌에 노고를 아끼지 않으셨던 분이다. 고인이 되셨지만, 열정 가득한 선생님의 강의는 지금 생각해도 저절로 존경심이 생기곤 한다. 선생님은 며칠이 멀다 하고 광주 한국제다를 찾아와 아버지와 정을 나누고 형제처럼 가까이 지내시던 때, 만나기만 하면 제일 먼저 작설헌으로 가서서 차 한 잔을 드시곤 하셨다. 가끔 두 분의 정담을 귀동냥으로 듣기만 하기도 했는데 새로 쓰신 책이나 차에 관한 이야기, 그해 새로 만든 차 이야기 등등.

어느 해 봄, 작설헌을 다녀가신 윤경혁 선생님은 訪雀舌軒(작설헌에 방문하다)라는 글을 써서 가지고 오셨다. 늘 사람의 온기가 흐르는 작설헌이 참 좋으셨나 보다.

한국차문화협회와의 인연

내가 속해 있는 단체는 사단법인 한국차문화협회이다.

한국차문화협회는 1990년 창립되어 창단멤버인 아버지와 엄마가 수십년간 애정을 가지고 꾸준히 활동을 해온 차문화단체이다. 우리나라 차문화사에 큰 족적을 만들어 왔고 오늘날 까지도 많은 회원 수와 활발한 활동으로 널리 알려진 순수민간단체이다.

1991년 4월 12일 사단법인 한국차문화협회가 탄생하여 초대 이강재 이사장님, 2대, 3대 이원홍 이사장님, 4대, 5대, 6대 이귀례 이사장님, 그리고 현재 7대 최소연 이사장님에 이르기까지 30년을 변함없이 차문화의 저변 확대와 지도자 양성이라는 커다란 역할을 하고 있는 차문화단체이다. 부모님과 깊은 인연이 있다는 생각만으로 엄마 치맛자락 잡고 다니듯 별 느낌없이 왔다 갔다하는 세월이 꽤 있었다.

부모님을 보필하며 삼십여년을 인천과 서울을 다니다 보니 어느새 나

2019년 최소연, 김가영, 박광옥, 서명주

도 중견의 간부가 되어 중책을 맡은 위치가 되어 있었다. 그리고서 만난 이사장님이 지금의 최소연 이사장님이시다.

친근하고 털털하게 웃어 주시는 이사장님은 아무리 어려운 자리에 있어도 단번에 좌중의 긴장을 풀어 주시는 분이다. 때때로 따끔한 질책도 주시지만 안경 너머로 감추고 있는 개구쟁이같은 천진함을 알고 나면 내겐 더없이 정다운 분이시다.

어느땐가 일로 쳐져 있는 나를 보시고 '니 속 내가 알것다'하며 엘리베이터 안에서 내게 은밀한 위로를 주셨는데, 신통하게도 그 말은 정말 따뜻한 위로가 되었다.

이 후로 내 마음 속에 이사장님은 따뜻한 카리스마를 가진 분으로 남아 있다. 허나 부모님을 이어서 내려 온 끈끈한 정 말고도 협회와의 커다란 인연이 있었으니 그것은 바로 우리 가족과 친척들이 보유한 사범 자격증이다. 부모님과 육남매와 올케, 사촌들 5명, 나의 시어머니, 이모와 조카 2 ,내딸 재영까지 모두 19명이 사범이라는 점이다. 이 외에도 한국제다의 직원 3명까지 하면 전부 22인의 한국차문화협회 사범을 배출했다. 실로 대단하다는 생각이 드는 숫자이다. 이들은 현재도 활발히 일선에서 활동을 하고 있다.

부족하지만 나 역시 인천광역시 무형문화재 11호 규방다례의 이수자가 되어서 협회의 발전에 작은 힘을 보태고 있다.

요차여담(樂茶餘談)

　이곳 남도에서는 잭살이라든가 청태전, 백운옥판차와 같은 오랜 역사를 가진 차들이 있다. 그러니 쉽게 접한 차나무와 차에 대한 애착이 클 수밖에 없다. 자연스럽게 차를 사랑하는 광주전남의 어른들이 모여서 만든 차회가 있는데, 지금도 활발한 활동을 하고 있는 '요차회'이다.

　1978년 창립할 때부터 아버지께서 매우 애정을 가지고 활동하신 차회이다 보니 작설헌에서의 만남도 수차례 있어서, 그때마다 나와 동생 귀주는 한복을 예쁘게 차려입고 정성껏 차를 내어 드렸다.

　초대 고재기 회장님, 박선홍 선생님, 이강재 선생님, 최순자 선생님, 최계원 선생님, 김정호 선생님, 이영애 선생님, 이혜자 선생님, 황기록 선생님… 그리고 2세대의 젊은 차인들까지 40년 넘게 모임이 계속되고 있다. 그 사이 몇 분의 어른들은 고인이 되셨지만 내가 기억하는 요차회 어른들의 만남은 언제나 진지했고 학문적이었으며 유쾌했고 문학적이었다. 박선홍 선생님은 천재적인 기억력으로 우리에게 광주의 역사와 무등산에 관한 이야기를 전해 주신 학자셨고, 이혜자 선생님은 충의교육원 교육연구사 재직 시 학교 교재로는 최초로 행다 슬라이드를 제작하는 무척 의미 있는 업적을 남기셨다. 그 슬라이드는 동생 서아라가 중2 때 주인 역할을 맡아서 완성하였다.

또한, 광주시립민속박물관 초대관장을 역임하신 최계원 선생님은 '우리차의 재조명'이라는 책을 출간하셨다(이 책은 그 가치를 인정받아서 2007년에 재판되어 우리 곁으로 다시 왔다). 내가 옆에서 뵈어 왔던 요차회의 어른들은 한결같이 차를 아끼고 차 문화를 전파하고 진짜 멋을 아는 분들이심을 그 누구도 부인할 수 없을 것이다.

특히 지금도 내 노트 한 장을 채우고 있는 이강재 선생님의 말씀은 무척 여운이 길다. 차를 마시는 사람들은 '귄있다', '징허다', '너그럽다' 하시면서, 귄있고 징헌 전라도 사투리를 맛깔나게 설명하시고 곡주 한 잔이라도 하시면 그 어떤 정치연설보다 더 열정적인 연설을 하시던 선생님. 이제는 더 이상 뵐 수 없어서 안타깝다.

이강재 선생님과 아버지의 끈끈한 정으로 말할 것 같으면 녹차 보급기의 험난했던 시절을 언급하지 않을 수 없다. 이강재 선생님이 전남도청에 근무하실 즈음, 아버지는 도청이나 시청, 관공서 등을 다니며 우리

차 알리기에 사력을 다하던 때였다. 하루는 도청에 가서 한 사람 한 사람씩 차 한 통을 주면서 차에 대한 설명을 하고 사무실에서 나오는데 등 뒤로 들리는 소리가 있었다. "이 통은 낚시 갈 때 물고기 밥 넣어 가면 좋겠네." 하며 차는 버리더란다. 아버지는 너무 낙심하여 발걸음 무겁게 사무실을 나오는데 바로 그때, 이강재 선생님이 바람과 같이 나타나서 "어떤 무식한 놈이 차를 안 마시는 것이여?" 하시더라는 것이다. 이러한 인연으로 두 분은 바로 친구가 되었으니 두고두고 그 고마움을 말씀하셨다. 아버지는 주량이 맥주 한 잔이셨으나, 이강재 선생님은 소문난 애주가셨다. 그래도 두 분은 항상 차를 앞에 두고 차를 사랑하셨던 진짜 차인이셨다. 또 한 분 요차회에서 절대로 빼놓을 수 없는 분이 계셨는데 바로 이귀례 이사장님이시다. 이귀례 이사장님은 회원은 아니셨지만 요차회의 행사에는 빼놓지 않고 참석을 하시어 자리를 빛내 주셨다.

세 분의 만남을 가까이에서 자주 뵈었는데, 꽃이 피어서 만나고, 꽃이 져서 만나고, 소태동에 탐스럽게 핀 아버지의 매화를 감상하고, 매화꽃을 찻잔에 띄워 설중매 차회를 나누시고, 마치 의좋은 남매들이 서로를 그리워하듯이 늘 안부를 묻고 보고 싶어 하셨던 것을 뵈었다. 2011년과 2012년, 2015년, 이강재 선생님이 먼저 영면하셨고 아버지가 일 년 후에 떠나셨고 이귀례 이사장님이 우리 곁을 떠나셨으니 하늘에서도 세 분은 유쾌한 다담을 나누시리라.

아름다운 동행 / 茶人

김판인 · 서명주 모녀

글/정명혜(남부대학교 교수)

사진/최옥수

"오직 독서만이 살아나갈 길이다. 독서는 사람에게 있어서 가장 중요하고 깨끗하고 심오한 일일 뿐만 아니라 호사스런 자제들에게만 그 맛을 알도록 하는 것이 아니기 때문이다. 그러나 뜻도 의미도 모르면서 그냥 책만 읽는다고 해서 독서를 한다고 할 수 없다.… 의원이 삼대를 계속 해오지 않았으면 그가 주는 약을 먹지 않는 것같이 반드시 몇 대를 내려가면서 글을 하는 집안이라야 문장을 할 수 있다."

이는 다산 정약용이 강진 유배시절에 고향에 있는 아들에게 보낸 편지이다. 장장 18년. 그 긴 시간 동안 자녀들을 가까이 두고 가르침을 줄 수 없었던 아버지는 편지로서 '산다는 것'이 무엇인지, 어떻게 살아야 '산다는 것'인지, 어떤 생각을 하고 어떻게 행동해야 하는지, 가족 친지 친구들과의 관계를 비롯하여 학문하는 법, 독서하는 법, 직업을 구하는 법, 글을 쓰는 법, 농사 짓는 법, 심지어는 술을 마시는 법까지를 세세하게 적어서 보냈다.

다산이 자녀에게 남긴 편지는 200여년이 지났지만 지금 읽어도 시대 차이를 느낄 수가 없다. 바로 지금 우리 부모님들이 자녀들에게 들려주는 나침판 같은 명언이자 교훈 같다. 나침판의 생명은 '떨림'이다. 나침판의 초침이 멈춰있으면 나침판으로서의 역할은 끝이다. 끊임없이 움직여서 나침판의 주인이 궤도를 잘 잡게 하는 것, 이것이 나침판이 해야 할 일이다.

김판인ㆍ서명주 모녀의 이야기를 들으면서 다산이 자녀에게 보낸 편지가 생각났다. 김판인씨 부부는 자녀들이 '깨끗하고 심오하게' 살기를 원했고, 그런 삶을 자녀들만 누리는 것이 아니라 다중(多衆)이 누릴 수 있게 대를 이어가기를 바라지 않았을까 하는 생각이 들었기 때문이었다.

한국 차 산업의 1세대 서양원

김판인씨(84)의 부군인 서양원씨(2012년 작고)는 차에 인생을 걸은 분으로 한국 차 산업의 1세대이자 茶人들의 롤모델이다. 그는 '깨끗하고 심오한 삶'의 한 방편으로 '차 생활'을 선택했다.

그가 차에 입문한 것은 어렸을 때부터다. 광양 백운산 자락에서 태어나 그곳에서 유년기를 보낸 그는 백운산 자락이 차의 고장이고 아버지가 차를 즐겨 마셔서 자연스럽게 차를 접하게 되었다. 당시 차는 '음료'라기 보다는 쉽게 병원에 갈 수 없었던 상황에서 사용할 수 있는 '상비약'이었다. 배탈이 나도, 감기에 걸려도, 머리가 아프거나 피부병에 걸려도 차를 우려 마셨다. 그도 철이 나면서부터는 직접 채취하고 만들었다고 한다. 그러나 당시만 해도 '차'는 돈을 주고 사거나 파는 물건이 아니었다.

1950년대, 부산에서 한전에 다니던 그는 우연히 알리미늄을 착색하는 원료로 차(茶)가 사용되는 것을 알게 되었다. 하얀색 알리미늄을 노랗게 물들여서 각종 그릇을 만들었는데 그 원료가 차였다. 그는 고향에서 차를 사들여 알리미늄공장에 팔았다. 당시 양은냄비는 주부들에게 인기상품이어서 차는 공급이 달릴 정도였다. 그러나 그것도 잠깐, 독일에서 인공염료가 수입되면서 더 이상 차를 찾는 사람이 없어졌다.

그는 우리나라 차를 염색도료로만 사용할 게 아니라 직접 마실 수 있다면 더 좋을 것이라고 생각했다. 그것이 현재 70여년의 역사를 가진 한국제다의 출발이다. 그는 차같이 좋은 것을 많은 사람들이 접할 수 있게 대중화시키고 싶었다. 그래서 한국제다의 사훈도 '좋은 차를 저렴하게'이다. 1957년, 그는 한국제다를 설립하여 홍차를 만들기 시작했다.

"70년대까지만 해도 다방에서 '차 한 잔 주세요' 그러면 그것은 '홍차'를 말했습니다."

김판인씨의 말이다. 홍차 인구가 많아지자 정부는 1970년대에 농가산업의 일환으로 보성지역에 480헥타의 다원을 조성하도록 권장했다. 그러나 차잎을 생산(차나무는 심은지 5-6년이 지나야 차잎을 딸 수 있다.)을 전후하여 우리나라에 커피 문화가 서서히 자리잡으면서 수매가 외면 당하기 시작했다. 일부 농가에서는 차나무를 파내기 시작했다. 이 소식을 들은 서양원씨는 차농가를 일일이 찾아다니면서 "앞으로 10년간 생산되는 차잎을 전량 수매하겠다"며 차 농사를 포기 하지 않도록 응원했다. 그는 이 약속을 지켰고 현재 보성이 녹차의 고장이라는 기반을 조성하는데 일조했다.

그냥 차만 마신다고 해서 다인이 아니다

김판인씨는 남편이 직장을 그만 두고 차산업에 뛰어들 때도, 보성 차 농가에게 10년간 차잎을 전량 수매해주겠다고 계약서를 써주었을 때도, 차생산지 지도를 만들기 위해 전국을 돌아다닐 때도 'NO'라는 말을 한 번도 한 적이 없다. '차는 물을 소중히 마시는 지혜'라는 것을 잘 알고 있기 때문이었다.

"채다하면 바로 그날 차를 만들어야 하기 때문에 하루에 70여 명이 24시간 3교대를 하면서 일을 했어요. 거기다 차를 사려오는 사람, 차를 배우러 온 사람들까지 하루에 100여 명이 다녀가는데 그 뒷바라지를 어머니가 하셨죠. 정말, 어린 시절 제가 기억하는 엄마는 '밥하는 엄마' '밥 차리는 엄마'였습니다."

맏딸 서명주씨(60) 이야기다. 서양원씨가 오직 '차'만 생각하고 그것에 매진할 수 있었던 것은 묵묵히 그를 응원해주는 아내 김판인씨가 있었기에 가능했다. "한번도 고생스럽다 생각해본 적이 없습니다. 남편이 직장인으로 평생을 사셨다면 조금은 편하게 살았을 수도 있었겠죠. 그러나

남편과 함께 차를 하면서 만났던 수많은 사람과 인연, 그리고 경험, 그것을 무엇과 비교를 하겠습니까?"

서양원씨가 떠나고 난 지금 자녀들이 한국제다를 이끌어가고 있는데 자녀들은 "우리들의 힘이 10이라면 엄마의 힘이 90"이라고 말한다. 김판인씨는 어머니이기 전에 인생의 선배로서 존재만로도 그들에게는 큰 힘이 되고 있기 때문이다. 서양원씨가 차 생산과 유통에 힘을 기울였다면 김판인씨는 차 생활을 바르게 전수할 수 있는 교육에 힘을 썼다. 한국제다 안에 운차문화회관을 만들고 그곳에서 다도교육을 실시하였다. 김판인씨는 슬하에 5녀1남을 두었는데 직계자손들 뿐만 아니라 며느리와 조카들까지 다도 사범 자격을 가지고 있다. 이들은 서양원씨의 호를 따서 '운차회'를 만들고 매년 차회를 열고 아버지의 차 정신을 기리고 있다.

"대학시절부터 부모님은 차 학회나 다회, 그리고 다인들을 만나실 때 꼭 저를 데리고 다니셨어요. 그때 만났던 어르신들, 그때 듣고 봤던 그분들의 차 정신이 저에게는 큰 자산이 되고 있습니다."

서명주씨의 말이다. 서명주씨는 김판인씨의 장녀이다. 어머니 뒤를 이어 다도 지도사범으로 활동하고 있다. 한국차문화협회 광주지부장을 맡고 있다. 서명주씨가 다도 사범으로 활동한지 30여년. 그녀의 차 사랑은 차 관련하여 박사 과정을 수료했으며 지금 논문을 쓰고 있는 열정으로 드러난다. 또 차에 대한 서적도 집필 중이다. 뿐만 아니라 아버지 삶을 정리하고 있다. 아버지의 삶은 개인의 삶을 뛰어넘어 한국 차산업과 대중화를 알 수 있는 기록이기 때문이다. 이런 딸의 행보가 김판인씨는 대견하고 든든하다. 그래서인지 김판인씨에게 있어 서명주는 친구이자 동지이다.

서명주씨 가족은, 증조할아버지-할아버지-아버지, 그리고 자신과 아들, 손자에 이르기까지, 세어보면 6대가 차 생활을 하고 있다. 이제 네 살바기인 서명주의 손자는 차를 과자처럼 집어 먹는다. 그런 모습을 보면, 보고 배운다는 것이 얼마나 중요한지를 실감한다.

서명주씨가 차를 우린다.

"맛이 어떠세요?"

"좋지야. 좋구말구."

팔순의 어머니와 육순의 딸이 마주 앉아 다담을 나누는 모습은, 참으로 평화롭고 아름다웠다.

나의 아버지
운차 서양원 박사

박인로

반중 조홍감이 고와도 보이난다.
유자 아니어도 품음즉 하다마는
품어가 반길 이 없으니 글로 설워 하노라

옛날 중국 오나라의 육적이라는 사람이 원술의 집에 갔다가 유자귤 3
개를 슬그머니 품 안에 숨겨 나오다 주인에게 발각되었다. 그 까닭을 물
으니, 어머니께 가져다 드리고 싶어서 그랬노라고 대답하여 지극한 그
효성으로 모두를 감동시켰다는 이야기이다. 육적은 중국의 24 효자 가운
데 한 사람이다. 조선 중기의 무인이자 시인인 박인로는 친구인 한음 이
덕형의 집에 놀러 갔다가 소반에 홍시가 있는 것을 보고 이러한 시를 지

었다. 박인로는 중국의 효자 육적의 이야기를 빌어 홍시를 부모님께 가져다 드리고 싶지만 지금 옆에 안 계시니 서럽다는 말을 하고 있다. 나도 학창 시절부터 좋아하던 시여서 종종 소리 내어 읊곤 했는데 다시 박인로의 심정으로 읽어 본다.

다관을 뜨겁게 하고 물을 버린 후 작설차 2스푼을 넣어 뚜껑을 닫고 잠시 후 향기를 맡아 본다. 중국 당나라의 노동은 넷째 잔에 평생의 불만과 불평이 땀구멍을 통해 모두 빠져 달아난다고 했지만, 나는 차를 마시기 전에 이미 향기로 평생의 불만, 불평이 다 달아나는 듯하다.

추사의 글씨로 남아있는 정좌처 다반향초의 차 마시고 향 피우는 선계로 빠져본다. 들큰하고 배릿하며 달달한 차향은 후각을 지나서 아련하게 몸을 휘감는다. 그런데 사랑하는 손주 승원을 안았을 때 나오는 행복한 젖비린내가 또한 그 향기를 떠오르게 하니 아버지와 딸, 손자로 향기의 뿌리가 움직이는 느낌이다.

그 원초적인 향기로 치자면 나에겐 솥에서 차 덖는 향기에 비할 게 있을까. 좋은 사람을 만나면 좋은 향기가 느껴지고 그 좋은 향기는 사람에게 좋은 일을 만들어 준다.

차생원을 25년 넘게 운영하면서 많은 사람을 만났는데 향기 있는 아름다운 사람이 참 많았다. 오래전, 말차를 좋아했던 한 청년이 생각난다.

어느 비 오는 날 다완을 사러 왔던 청년은 창문 너머 비를 바라보며 나와 함께 오후의 티타임을 함께 했다.

다완을 하나 사 들고 기분 좋게 차생원을 나섰던 청년은 잠시 후 장난스러운 웃음과 함께 다시 들어오는 것이었다. 청년은 행복한 티타임 후에 콧노래를 부르며 종이 가방을 흔들며 가다가 다완이 빠져버렸다고 한다. 다완은 깨졌지만 행복한 마음은 전혀 깨어지지 않았다고, 그래서 계속 행복할 것이라고 얘기하는 것이었다. 그 말의 여운은 오래 남아서 내게는 삶의 작은 화두가 되었다.

"나를 살린 것은 차"라고 말씀하시기를 주저하지 않았던 고현 선생님, 그리고 선후배 차인들. 몸과 마음이 아프면 병원보다 먼저 날 찾아와 한 잔의 차에 위안을 얻었던 뼛속 차인들.

차와 함께 늙어감을 후회 없이 만들어 주신 고마운 분들. 내게는 모두 은은한 차향과 인연의 덕으로 삶을 풍요롭게 만들어 주는 보물상자 속의 인연들이다.

또 대학생일 때 다도강좌를 들으러 와서 처음 만났던 병진이.

롯데 백화점 문화센터에서 강의가 끝난 후 찾아와 이것저것 차에 대해서 궁금증을 쏟아 내던 열혈 학생이었다.

그 학생은 결국 재학 중에 전공하는 과를 바꾸어서 식품영양학과로 옮긴 후, 차 동아리(백악연다회) 회장을 맡아 활발한 활동을 했다. 병진이는 졸업 후 나의 권유로 한국제다에 입사하였다.

세월이 흘러 지금은 한국제다의 제2대 공장장이 되어 서민수 대표를 도와서 한국제다의 변함없는 차 맛을 책임지고 있다.

이제 중년이 된 박 공장장. 그 얼굴에 묻어 나오는 자부심은 오로지 차에 대한 애정에서 비롯된 것이리라.

그래서 나는 아버지를 보는 듯 또 반가워진다.

청매(靑梅) 한 가지

　　무등산의 잔설이 산허리에 걸려 있던, 코끝이 싸하게 매운 어느 날 새벽이었습니다. 점점이 번져가는 화선지 위의 수채화 물감처럼 어둠이 막 걷혀 가던 그 시각, 누군가 제 아파트의 초인종을 누르는 것이었습니다. 문을 열어보니 복도의 희미한 빛을 등지고 서 계신 친정아버지셨습니다. 막 일어난 큰딸에게 아버지는 아무 말 없이 방금 정원에서 가져오신 청매(靑梅) 한 가지와 점퍼의 주머니를 뒤적이시더니 조그맣고 까만 꽃병 하나를 제 손에 쥐여 주시는 것이었습니다.

　　새벽잠이 없으신 아버지는 일찍 정원을 손보시다가 새벽빛에 유난히 희고 고운 청매에 눈이 가셨던 것이겠지요. 그리고는 머뭇거림 없이 제일 잘 생긴 청매 한 가지를 꺾어 들고 혹시 꽃병이 없을까 걱정하시곤 여기저기 집안을 뒤져, 어머니도 모르게 딸네 집을 걸어 올라오셨던 것입니다. '지금 바로 꽂아라.'라는 말 한마디 남기고 오던 길을 바로 내려가시는 것이었습니다. 들어오시란 말을 미처 꺼내볼 틈도 주지 않고 뒤돌아가시는 아버지의 뒷모습을 오래오래 눈 배웅하면서, 저는 그 새벽 청매를 마치 아버지의 향기처럼 꽃이 다 질 때까지 정성스럽게 꽂아 두었던 기억이 납니다. 그리고 또 하나 덤으로 제게 십여 년을 한결같이 은은한 청매 향기로 멋진 하루를 시작하는 힘을 선사하신 것입니다.

소나기는 바위를 뚫지 못해도 낙숫물은 단단한 바위에 구멍을 내고야 맙니다. 우리가 원하는 세상도 바로 그런 것입니다. 거창한 구호나 남을 앞서가려는 욕심 같은 것은 없어도 좋을 것입니다. '茶家'를 만나면 잠시 자기만의 시간으로 돌아오고 싶고, 은은하게 차 한잔 곁에 있어 마음 따뜻해지는 인연으로 맺어진다면 새벽 청매를 건네주는 그 마음 하나로 십 년, 이십 년 변함없이 좋은 인연으로 남고 싶습니다.

이제는 제가 받았던 신 새벽의 감개무량한 밝음을 조용하지만 열심히 세상을 밝혀나가려는 이름 모를 사람들에게 오래전 말없이 손에 쥐여주신 것처럼 전해주어야 합니다. 그리하여 지친 날개를 잠시 쉬면서 그 향기를 서로 나누고 베푸는 맑고 고운 터가 되었으면 좋겠습니다.

새벽 청매가 멀리, 아주 멀리 그 향기를 품어갈 수 있도록 말입니다.

(2000년, 茶家 창간호)

유별난 차사랑

아버지의 차 사랑은 유별나시어 때로는 어머니를 이인자로 내려놓으시기도 하셨는데, 함께 간 인도 여행길에 타지마할 궁을 보며 어머니가 "나 죽으믄 저 왕비처럼 궁궐은 아니어도 작은 집 하나 지어 주시오."라고 하니 "뭔 소리하는가, 그럴 땅 있으면 차나무 심어야지." 이렇게 말씀하셨다던가…. 그러시던 아버지는 그 이후로 오래오래 어머니의 식탁에 마주 앉아 두 분 만의 아침 찻자리를 가지셨다. 하루도 빠짐없이 두 분은 찻잔을 부딪치며 "오늘도 건강하게, 오늘도 행복하게".

앞마당에 청매꽃이 흐드러지게 피어오를 때면 이른 새벽에 청매 한 가지를 꺾어 들고 〈실크로드〉를 지나서 큰딸의 집으로 달려와 멋진 하루를 선물해 주셨던 로맨티스트 나의 아버지! 실크로드란 부모님 집에서 큰 딸인 명주의 집까지 가는 길로 어머니께서 이름지으셨다. 이십 년 넘게 아버지의 사랑을 받아온 청매화 나무는 아버지 가신 후 시름시름 앓더니 올해는 억지로 꽃을 피우는 듯하여 과연 선비의 나무요, 지조의 꽃인 듯하다.

아버지! 이제는 天上의 차인이 되시어 그곳에서도 만나는 이마다 찻잔에 청매 하나 띄우고 "喫茶去"하시며 계시겠지요.

아버지의 유별난 차 사랑은 그곳에서도 변함없을 테니까요.

아버지의 사진 중에 참 마음에 드는 사진이 한 장 있으니 바로 이 사진이다. 어머니는 나이 들어 보인다며 별로 좋아하시지 않으셨지만, 찻잎을 어루만지는 그 손길이 마치 예쁜 손주의 얼굴을 만지는 듯, 이 세상 귀한 보물을 쓰다듬듯 평화롭게 보인다.

소울푸드

엄마는 순천이 고향이시다. 전라도 사람이라면 누구나 좋아하는 것으로 방아잎이 있다. 방아잎은 향긋한 향으로 여름에 방아잎전을 지지면 별미 중 별미다. 유난히 방아잎 향을 좋아하는 딸을 위해 엄마는 해마다 방아잎을 키워 틈틈이 한주먹씩 따서 두고 나를 부르신다. 된장국에도 넣고, 부침개도 해먹이려고. 여름이 끝날 무렵에 내가 사랑하는 기특한 아로마, 방아잎은 보라색 꽃을 피워 올린다.

예쁜 꽃으로 화단이 보라색 세상이 되면 엄마는 오로지 딸의 기호 식품을 만들기 위해 보라꽃 부각 만드는 수고를 아끼지 않으신다. 너무나 환상적으로 피어 있는 그 꽃을 엄마는 고이 따와 멸치와 표고버섯등 맛난 육수를 넣고 찹쌀풀을 쒀서 방아꽃 부각을 만드신다. 서양에서는 온갖 허브를 차로, 치료제로 쓰고 있지만 내 입에는 우리 방아잎이 최고다.

comfort food, soul food

사람들은 어렸을 때 먹었던 음식을 기억하며 힘들거나 위로받고 싶을 때 특정한 음식을 떠올린다. 마치 여성들이 임신했을 때 특별하게 생각나는 음식도 아마 그런 것일 게다.

엄마의 품처럼 포근한 영혼의 음식이니까.

나에게는 녹차와 홍차 말고도 아욱 된장국과 방아꽃 부각, 가죽나뭇잎 부각이 그러하다.

약간 미끌거리는 아욱이 된장과 만나면 여유로운 식감을 가지게 되어 긴장이 풀어지는 느낌이 있어서 참 편안하다. 방아꽃 부각은 매우 강렬한 향으로 코와 입을 행복하게 하고, 무엇보다 내가 좋아하는 보랏빛 꽃이지 않은가. 가죽나뭇잎 부각은 외할머니의 냄새를 맡을 수 있는, 할머니가 옆에 계시는 것 같은 영혼의 음식이랄까. 맛있는 것을 먹을 때 사람은 행복을 느낀다. 하물며 할머니와 엄마가 만들어 주셨던 크나큰 사랑의 음식들은 말할 것도 없다.

일로차회(一爐茶會)

추사의 글씨인 일로향실(一爐香室)은 차를 끓이는 다로의 향이 향기롭다는 뜻이다. 지금은 해남 대흥사에 편액으로 걸려 있다. 초의가 유배 중이던 추사를 위해 해마다 차를 보내 준 것에 대한 고마움의 정표로 일지암에 걸라고 써 주었던 편액이다. 초의 스님은 그 이전에 추사의 아버지 김노경과 함께 일지암에서 하룻밤을 같이 보냈다. 김노경이 초의에게 일지암의 유천(乳泉)에 대해 묻자 다음과 같은 시로써 답한다.

내가 사는 산에는 끝도 없이 흐르는 물이 있어
사방 모든 중생들의 목마름을 채우고도 남는구나
각자 표주박을 하나씩 들고 와서 물을 퍼가고
갈 때는 달빛 하나씩 건져가오

2004년, 한국제다 운차문화원에서 (사)한국차문화협회 인성차문화예절지도사 3급 사범 교육을 시작하였다. 1기라는 설렘과 긴장을 안고 주변에 알리기 시작했는데 놀랍게도 남녀노소 학생들이 43명이나 교육을 받으러 온 것이다. 지금 생각해도 그 많은 사람들이 차를 배우러 왔다는 사실이 믿기지 않고 고맙기 그지없다. 감동과 감사 속에서 과정을 마치고 자격증 수여와 졸업식을 마친 날, 나 못지않게 감동받은 아버지께서 일로차회라는 이름을 하나 주셨다. 1기이기도 하고 늘 향기로운 차인이 되라는 의미, 처음 맺은 소중한 인연을 잊지 말라는 의미를 담아서.

그 이후로도 2기, 3기, 단 한 해도 거르지 않고 열심히 준 사범 교육을 하였다. 언제나 20~30명의 학생이 모여서 차와 함께 정을 나누는 만남을 가졌는데, 그분들과의 만남은 지금도 첫사랑을 보는 듯 설렌다.

아버지가 주신 그 이름은 삶에 밀려 이름만 남아있다가 몇 년 전에 드디어 모임을 만들었다. 하늘이 몹시 청명한 첫 모임 날, 보성의 보림제다에서 오래된 차벗들과 해후를 하고 행복한 시간을 보냈다.

추사와 초의의 40년 우정이 차로써 이어 온 것처럼 일로차회도 콸콸 흐르는 유천의 물처럼 차를 나누고 다담의 표주박으로 달빛을 건지는 소중한 차의 인연을 약속해본다.

세컨 컵(Second Cup)

　2001년에 아들 재범과 나는 캐나다에 일 년간 머무르고 있었다. 지금
은 엘에이에 사는 셋째 연옥이 막 이민 간 곳이 토론토 옆에 있는 미시사
가라는 곳이었는데 그곳으로 가게 되었다. 그때 큰딸 재영이 대학에 입
학해서 광주의 뒷일을 맡기고 조기 어학연수(재범이 5학년)를 결심하고
떠난 것이다. 기대와 두려움으로 아들과 토론토행 비행기에 몸을 싣고서
캐나다에 도착했다. 쉽지 않은 결심의 속마음에는 내가 40이 되던 해 스
스로 약속했던 일들이 있어서이다.

　마흔 살이 되던 해 마치 시간이라는 놈한테 뭔가를 뺏기면서 사는 것
같아서 눈을 부릅뜨고 살아 보기로 하였다. 이러한 야무진 결심의 뒤에
는 나의 경제적인 독립도 있었지만, 그보다는 가족들의 전폭적인 지지와
성원이 있어서이다. 35살 되던 해, 1994년 6월, 광주 예술의 거리 35-1

번지에 〈차생원〉을 열었다. 한국제다의 차와 다구류를 판매하고 차 관련 교육과 차문화 보급의 작은 역할을 담당하고 싶었다.

일요일도 쉬지 않고 9시 출근, 9시 퇴근하던 강행군은 한국제다의 장녀라는 책임감과 자부심으로 무장한 젊은 날의 패기 덕분이었다.

그래서인지, 녹차 시장이 커피를 이겼던 시류를 잘 탔는지, 성실함 덕이었는지, 문화와 교육과 판매라는 세 마리 토끼를 손에 잡을 수 있었다. 2018년 지금은 한 해에 100여 명의 학생들이 차를 공부하고 자격증을 취득하는 교육을 진행하고 있다. 지금도 여전히 차를 사랑하는 차인들이 방문하고 광주전남권의 학생들이 차 교육의 장으로 활용할 수 있게 개방하고 있다. 부모님께서 한국제다를 만인의 장소로 개방하셨던 것처럼. 1994년부터 열심히 7~8년을 달렸다. 경제적 독립을 하고 보니 나만의 위시리스트가 자연스럽게 생기는 것이었다. 50세가 되기 전에 해야 할 일을 정했다.

1. 대학원 진학
2. 일 년 이상 마음공부 해보기(참선)
3. 외국어 한 가지 능통하게 하기
4. 외국에 일 년간 살아보기

막상 정해놓고 보니 나처럼 미루기를 잘하고 게으른 사람이 과연 실행할 수 있을까 하는 걱정이 슬며시 들었다. 그래서 '네 가지 중 세 가지 이상만 이루어도 잘한 것일 거야' 라고 관대해지기로 맘을 먹고

첫 번째 소원에 도전해 보기로 했다. 그리하여 곧바로 1999년도에 모교인 조선대학교 대학원 국어국문학과에 진학하여 어린 학생들 사이에서 열심히 공부했다. 그리고 다행히 논문이 통과되어서 석사모를 쓰게 되었다. 남편과 아이들의 사랑과 협조 없이는 불가한 일이었으리라.

다음으로는 참선을 실행해 보기로 했다. 곡성 태안사, 광주 증심사, 약사암 법당에서 지금은 고인이 되신 무연 입승 선생님과 도반들과 일 년가량 세 절을 오가며 마음공부에 매진했다. 참선의 시간은 실제로 석사 논문을 쓰는 데 집중할 수 있도록 실질적인 도움이 되었다. 심신의 군살을 쫙 빼주었으니 말이다.

외국어 공부로 처음에는 일본어를 시작했으나 딸 재영이가 일어과를 가는 것에 만족하기로 하고 중국어를 하기로 했다. 그래서 예술의 거리에 있는 동아 외국어 학원에 친구와 함께 등록하였다.

덕분에 지금은 중국 여행 중에 간단한 회화는 할 수 있게 되었다.

물론 능통한 언어 구사는 꿈으로만 남았다. 그리고 마지막 소원이었던 외국생활, 사실은 실현 불가능한 꿈으로만 생각했으나 꿈꾸는 자에게 기회가 오는 것처럼 기회가 온 것이다.

아들 재범이 일 년을 다닐 학교에 원서와 등록금을 보내고 비행기 표를 예매하고 부푼 꿈을 안고 캐나다에 도착했다. 다행스럽게도 재범이는 학교에 잘 적응하였고 나는 연옥의 보살핌 아래 일 년을 지냈다.

미시사가의 주변 지리에 익숙해질 무렵, 나는 맘에 쏙 드는 카페를 발견하였다. 바로 '세컨 컵' 두 번째 잔이라는 이름의 카페였다. 아마 캐나다의 스타벅스 쯤으로 생각이 된다.

첫 잔은 향, 두 번째 잔은 바로 맛으로 먹는 차의 이름이겠다 하면서 내 마음대로 해석하고 나니 그 이름이 참 정감 있게도 눈에 쏙 들어오는 것이다. 한동안 나의 일과 중 가장 신났던 일은, 아침 식사를 하고 동생과 녹차를 한 잔 마신 후, 두 번째 차는 세컨 컵에 가서 혼자 커피를 마시는 것이었다. 이름 그대로 두 번째 차니까. 옆에서 살뜰하게 살펴 주는 연옥이가 있었지만, 광주가 그리울 때는 혼자 커피를 마시면서 캐나다의 정취에 흠뻑 빠지곤 했다.

지금도 여전히 성업 중일 캐나다의 두 번째 잔, 세컨 컵은 향수를 달래 주었던 나만의 힐링플레이스로 남아있다.

당신의 다도는 몇 단입니까

매화꽃이 밤새도록 조용히 꽃망울을 터뜨린 날, 호기심과 열기로 가득 찬 강의실을 보니 새삼 25년 전의 잔인했던 봄이 떠오릅니다. 맹숭맹숭한 맛 때문에 도저히 녹차에 매력을 못 느끼겠다던 사람들에게 우리 차를 더 알려야겠다고 사무실로, 관공서로 사람이 모이는 곳이라면 어디에나 철가방을 들고서 뛰어다니던 그때. 다방에서 차 배달은 온 아가씨쯤으로 취급받고 사무실을 나오면서 속으로 눈물을 삼키던 날들이었습니다.

이젠 세월이 흘러 우리 차를 배우겠다고, 혹은 예쁘게 늙고 싶어서, 혹은 말년의 좋은 벗이 필요해서, 진로를 위해 차를 선택했다는 남녀노소 학생들의 다양한 말을 듣고 보니, 참 많은 분들이 차문화라는 위대한 유산을 지키기 위해 보이지 않는 피와 땀과 뼈를 깎는 고통을 이기며 차에 대한 절절한 사랑을 이어 왔구나 하는 마음이 듭니다. 이제는 우리 차가 제대로 대접을 받고 그 확고한 위치를 점한 데 이어 중국 차, 일본 차를 알아야겠다는 학구파들이 이곳 광주에도 많아진 것을 보면 젊어 고생이 헛되지 않은 것 같습니다.

차를 직접 재배하고 만들고 보급하는 직업에 종사하면서, 이제는 나이가 들어 가업이라는 의무감에서 벗어나고 나니 나처럼 차에 은혜를 입은 사람이 또 있을까 생각합니다. 십여 년 전 차의 인연 중 한 분은 늘 첫사랑을 만나는 느낌이 든다 하십니다. 좋은 것은 늘 보아도 싫증 나지 않기 때문일까요.

"선생님, 차 한잔으로 우리 집은 행복이 아득한 집에서 행복이 가득한 집으로 바뀌었어요.", "참선할 때보다 더 집중하는 힘이 강하던데요.", "차는 주변을 따뜻한 기운으로 만드는 전염성이 강해요."

한국의 존경받는 원로 차인의 차 생활을 소개할까 합니다. 그분들의 경계를 뛰어넘는 차 생활을 지켜보면서 행복의 척도는 바로 감사하는 마음과 베푸는 마음이 아닐까 합니다. 두 분의 찻상에는 언제나 제각각의 찻잔이 여러 개입니다.

유명한 도예가의 찻잔 두 개, 일본 여행길에서 사 오신 조금 작은 찻잔이 두 개, 언제든지 쓸 수 있는 손주들의 꼬마 찻잔 여러 개, 펑퍼짐한 잔 한 개, 물잔처럼 키가 약간 큰 찻잔 한 개….

이 잔들은 저마다 이름을 달고 있는데, 두 분이 작명한 이름들을 아침마다 불러주십니다. 옴팍하게 행복을 담은 행복한 찻잔, 마치 뽀뽀하듯이 입이 약간 튀어나온 사이좋은 찻잔, 베이비 잔, 물도 마시고 차도 마시고 술도 마시는 지조 없는 잔, 이렇게 이름표를 달아 주면 열 개가 넘는 잔들은 당당하게 쓰임새 있는 잔으로 자리 잡게 됩니다.

일흔이 훌쩍 넘으신 두 분은 아침마다 식탁에 마주 앉아 차를 드시는데 때때로 초대받거나 초대받지 않은 손님도 그 아침에 티타임을 함께하는 행운을 누릴 수 있습니다.

정성껏 차를 우린 다음 그날 선택한 잔으로 건배 제의를 하시지요. 그 잔에 맞추어 이렇게요. "오늘도 행복하게", "오늘도 사이좋게", "오늘도 건강하게" 그러면 그 날은 반드시 행복한 일들로 채워지고 활기를 주는 사람들을 만나 사이좋게 된다는 것을 신앙처럼 믿고 사시는 두 분입니다. 행복의 척도로서 다도(茶道)에 급수를 매긴다면 차에 취미를 붙인 사람은 아마 초단이겠지요. 2단은 다우(茶友)를 기다리는 사람, 3단은 차를 탐하는 사람, 4단은 무조건 많이 마시는 사람, 5단은 종일 마시는 사람, 6단은 차를 아끼고 인정을 아끼는 사람, 7단은 차와 더불어 유유자적하는 사람, 8단은 차를 보기만 해도 즐거운 사람, 9단은 차로 말미암아 신선이 된 사람…. 이른 아침 어마어마한 행복을 전염시킨 두 분을 뵙고 돌아오는 길에 문득 조지훈 님의 글을 흉내 내어 술 대신 차(茶)로 급수를 매기면 저분들은 다도 몇 단이실까 하는 생각이 들었습니다. 아침마다 힘찬 건배 차로 시작하는 하루, 저마다 급수는 달라도 그 하루가 즐거워질 것임에 동의하시지요? (대동문화 2005, 봄)

잃어버린 의재
허백련 선생의 화조도

아이들 키우며 나만의 차실을 가져 보는 것이 소원이었다.

그 무렵 언젠간 소박한 나만의 차실을 가지리라는 간절한 바람을 마음에 품고 예술의 거리 원화랑에서 의재 선생의 아담한 화조도를 한 점 구입하였다. 그 후 소망한 바가 이루어져서 드디어 차실을 갖게 되었다.

거금을 투자하여 골동품 찻상을 구비하고 요것 저것 찻그릇도 진열하고 팽주가 앉은 자리의 뒤쪽으로 화조도를 걸어 보았다. 얼마나 행복했는지 그날 밤에 그 그림 아래에서 잠을 잤을 정도였다. 그 후에 친구들도 부르고 같이 차 공부하는 지인들도 초대하여 소박한 차회를 열어 오감을 즐기는 호사를 누렸다.

어느 날 청소를 하려고 잠깐 현관 밖에 그림을 두었는데 그만 누군가 들고 가버린 것이다. 다행히 들고 간 사람을 보았다는 이웃의 제보로 그 사람과 통화가 되어 간곡하게 돌려달라고 부탁했으나 이미 불태워 버리고 없다는 거짓말만 돌아왔다.

너무나 속이 상한 나머지 법적인 조치를 해볼까 하는 생각도 잠시 들었다. 그러나 그 생각은 접기로 하고 화조도를 그냥 보내기로 마음먹었다.

그래서 영영 그 그림과 가슴 아픈 이별을 하게 되었으니 아쉬운 마음을 담아 화조도를 같이 실어본다. 이렇게 해서라도 지켜 주지 못해서 미안한 그림에게 내 실수를 용서받고 싶다.

매화 모란 단상(斷想)

우리집에는 정말로 사랑을 받았던 나무가 두 그루 있었다.

하나는 아버지가 직접 사다 키운 청매이고 또 하나는 엄마가 외할아버지께 받은 유일한 유산이라 할 수 있는 백모란이다. 엄마의 꽃인 모란은 광주의 화가들에겐 제법 알려진 오래된 (7, 80년 정도로 알고 있다)나무이다.

30여년 전에 할아버지께 받았을 때 이미 30살이 넘었다고 했으니 족히 내 나이보다 많은 큰언니뻘 되지 싶다.

해마다 어른 얼굴보다 더 큰 백모란이 필 때면 그 우아한 자태를 화폭에 담기 위해 화가들이 우리집을 방문한다.

백모란도 귀했지만 그렇게 잘 피어 있는 꽃도 흔치 않다고들 하시면서.

정원에 피어 있는 기품있는 꽃을 보는 것도 행운 이었지만 수채화로, 유화로, 수묵으로 다시 탄생된 꽃들도 우리에게 행복을 주기에 충분했다.

청매화가 지고 백모란이 터질 때면 꽃을 좋아하는 소녀같은 엄마는 흥분된 목소리로 전국에 있는 딸들을 불러 모으신다. 1번, 2번, 3번, 4번, 5번 딸들이 백모란을 보기 위해 모이면 '야덜아 나 혼자 보기가 아까와서 불렀다. 사진 찍자' 하시면서 꽃놀이를 핑게로 이딸 저딸 얼굴만한 모란 사이에서 하하호호 내 딸들이 꽃보다 더 아름다워~ 하시며 즐거워하셨다. 아마 유일한 유산이 된 할아버지의 모란을 손녀들이 사랑해 주는 것이 뿌듯하셨을까. 외할아버지의 선물인 우아한 백모란은 두 번에 걸쳐서 뿌리를 내어 주었다. 한 번은 법정스님이 계시는 곳이고, 또 한 번은 현공 스님이 계시는 미황사의 부도암이다.

법정스님은 "모란이 보고 싶으면 언제든 불일암으로 오시오" 하시며 집에서 데려간 아들모란을 잘 키우셨다.

엄마는 사실 계절에 오는 꽃소식을 제일 먼저 알아 차리는 쎈스있는 소녀감성을 가지신 분이다. 그래서 꽃놀이하면서 꽃노래도 멋들어지게 부를 줄 아는 귀여운 여인. 그래서 별명이 **양파씨** (몇겹의 매력이 숨어 있어 까면 깔수록 깜놀), **이마무라** (보기엔 별론데 상큼한 단맛을 가진 배이름), **홍어여사**(요 이름은 내가 붙인 이름인데 원 이름은 가오리 여사임. 용돈을 받을때나 선물을 받을때 자동으로 업그레이드가 됨).

엄마의 매력은 내 친구들 사이에서도 인기가 높아서 친구 우나는 아예 울 엄마처럼 동글한 얼굴이 닮았다하여 친딸과 딸 친구의 위치를 종종 바꾸어 버렸다.

차인들이 사랑하는 꽃으로 치자면 아마 청매가 으뜸의 자리에 앉지 않을까 생각한다.

아버지께서도 청매를 몹시 좋아하셔서 소태동에 새집을 짓고 정원을 만들고 제일 먼저 심었던 나무가 청매이다.

매화 중에서도 청매란, 꽃잎 다섯장을 받들고 있는 꽃받침이 초록색이어서 꽃이 피면 푸르스름한 색을 띤다. 꽃받침이 연분홍 색이 나는 매화도 있지만 우아함과 향기는 청매를 따라오지 못한다. 그래서 차인들은 청매꽃을 기다리고 추위를 뚫고 피어나는 설중매를 아름다이 여기는 것일게다. 꼿꼿한 선비의 기개가 살아 있는 꽃.

1997년에 새 집에 입주를 하셨으니 이십년이 넘게 아버지의 정원을 지켜 왔다. 아버지 역시 매화꽃이 봉글봉글 밤새 터지면 아침 일찍이 호들갑을 피우며 전화하는 일이 종종 있었고 너무 이른 시각이다 싶으면 아예 청매꽃을 꺾어 들고 실크로드를 걸어서 우리집에 오시곤 했다. 정성스럽게 보살펴 준 은혜에 보답하듯 해마다 어여쁘게도 꽃을 피우더니 2012년 아버지가 떠나시자 청매도 갑자기 기력을 잃고 말았다.

너무나 애석해 하시는 엄마를 보고

민수는 안타까워 하면서 아버지 나무를 회생 시키려고 가지치기와 영양제등 갖은 정성을 다해 살리려고 애를 썼다. 다행히 조금씩 조금씩 살아나서 지금은 전성기 보다는 못하지만 매화꽃을 볼 수 있게 되었다. 이역시 선물이 아닌가 한다.

아버지는 떠나고 아니 계시지만 아버지 닮은 매화나무는 그 자리를
그대로 지키고 있으니 아버지를 본 듯 참으로 고맙다.

접시차, 떨차, 옥동자차

'작명의 천재'라고 불렸던 아버지의 작명 실력은 이미 알려진 이야기이다. 우리들의 이름은 물론이고 작설차 감로, 치가록(어릴 稚, 더할 加, 초록 綠), 지금 차의 또 다른 이름이 되어 있는 태평양화학의 설록차.

뿐만이랴, 차생원, 떨차, 접시차, 옥동자차, 눈물차 등등…

그중에서 떨차와 접시차에 얽힌 에피소드…

떨차는 법정 스님과 아버지의 유쾌한 찻자리에서 생겨났다.

스님은 뜻이 맞는 아버지와 차 한 잔 나누고자 하는 마음과 엄마가 끓여 주신 고소한 잣죽을 드시고 싶어 하는 마음에 자주 광주를 찾으셨다.

때는 마침 햇차가 막 나올 무렵, 작설헌을 찾은 스님과 아버지는 차한 잔을 같이 마시는데, 작은 다관에 차를 넣고 계신 아버지를 유심히 보던 스님께서 '왜 손을 떠시오? 아까워서 떠는가베?' 하시면서 두 분이 파안대소하셨단다.

그 순간 그 차의 이름은 떨차가 되었고 이 이야기는 차인들 사이에도 소문이 났다. 그리하여 수많은 패러디 에피소드가 생겨났다. 떨차는 물론이고 떨백, 떨스카프, 떨과자, 등등.

그래서 스님은 어디에나 기고하실 때면 광주 소태동 배고픈다리 위에 자리 잡고 있는 한국제다의 작설차 '감농'이 최고의 차라고 아낌없이 찬사를 보내시곤 하셨다. 차도 우리나라 최고 명인이 만들었다는 자부심과 더불어 두 분의 우애가 남달랐다는 증거임을 보여주고 있다.

해마다 언제나 새 차를 만들면 가장 먼저 형제처럼 정다운 스님께 떨차를 보내셨다.

또 하나, 접시차는 말 그대로 접시에 작설차를 바닥이 안 보일 정도로 깔아 놓고 물을 조금 조금씩 부어 주는데 아마도 이 방법은 어린잎으로 만든 아기 같은 차를 마시는 방법 중의 하나일 것이다. 찻물의 온도를 최대한 낮추어서 어린 차 속에 함유된 아미노산의 그 들큰한 단맛을 용출해 내기 위해 엄마가 고안해 내신 방법이다.

그래서 아버지가 붙인 이름, 접시차…

또 옥동자차도 있다.

이 이름은 오래전에 상표등록도 마쳤는데, 차를 만들면서 유념(비비기)을 할 때 작설(새 혓바닥)의 가장 연한 끝부분이 많이 떨어져 버린다. 그 여리디여린 찻잎들이 서로 뭉쳐져서 작은 구슬처럼 남는데 이것은 제다 과정의 끝까지 견딜 수가 없게 된다. 왜냐하면, 너무 부드러워서 탄

맛이 나기 쉬우므로…

이 작은 구슬 모양의 차를 한참 들여다보시던 아버지는 갑자기 앙증
맞은 손주들 생각이 나셨는지 그 차를 '옥동자'로 명명하셨다. 아! 작명
대왕 우리 아부지!

막냇동생 희주

지난겨울 우리 가족 사이에서는 꽤 화젯거리가 된 사건이 하나 있었다. 바로 막냇동생 희주가 인기 예능 tv 프로에 출연했었던 신선한 사건이었다. 인기 프로였기에 많은 이들이 방송을 보고 덕담과 모니터링을 주어서 한동안 인사를 많이 받았다 한다.

SBS 동상이몽 '최수종 하희라' 편, (122회, 11월 25일 방영) 장흥 선학동 한 달 살기 프로젝트 중 한 회에 출연을 한 것이다. 선학동은 소설가 이청준 선생 생가 옆 마을이다. 메밀꽃이 흐드러지게 핀 시월의 풍광이 좋아서 그곳을 선택했다고 한다. 보림제다를 방문한 두 연예인 부부와 함께 차도 만들고 차 이야기도 하는 그런 구성이었다. 그런데 희주가 담담하게 말하는 여러 이야기들에 가슴이 떨리었으니, 방송이 끝난 후에도 나는 혼자만의 감동으로 한참 여운을 느꼈다. 20여 년 전에 보성으로 시집오면서 친정아버지께서 주신 차 씨앗을 심었다는 이야기, 직근성인 차나무처럼 뿌리 내리고 앞으로도 차밭을 일구고 이곳에서 살아갈 것이라는 이야기, 그 이야기를 듣고 친정아버지가 주시는 무한한 애정에 가슴 벅차하면서 두 부부가 자신들의 딸 생각에 펑펑 우는 모습, 차 씨앗을 챙겨 주는 보림제다의 안주인의 모습까지 처음부터 끝까지 차분한 의미를 주는 좋은 프로였다.

사실 막내 희주와 나는 15살 차이가 난다.

자매의 정은 지금 한 아파트의 위아래층에 살고 있는 행운으로 계속되었지만 지금도 둘이서 해결하지 못한 사실이 하나 있으니, 누가 세작일까? 하는 의문이다. 처음 따는 차가 세작이니 제일 큰 언니가 세작이라는 주장과 가장 어린 잎이 세작이니 막내가 세작이라는 주장을 놓고 15살 차이가 나는 두 자매는 지금껏 입씨름을 계속하고 있다.

내게는 어린 동생이요, 늘 가까이 있는 이쁜 막내로만 생각했는데 그날 나는 차나무처럼 굳게 뿌리 내린 서희주를 보았다.

의젓한 '세작'을 보았다.

흔들림 없이 전진하는 여장부를 보았다. 내가 간절히 하고 싶었지만 하지 못했던 일들을 동생이 이루어 주어서 감사했다.

아이러뷰!

고맙다 서희주!

그런데 얼마 지나지 않아 차로 인한 선의의 영향력을 매우 아름답게 실천한 곳이 있었다. 바로 보성 군청에서 있었던 일인데, 군수님께서 새 해에 모든 직원에게 예쁜 주머니에 담은 차 씨를 선물하신 것이다. 녹차 수도의 군수님다운 선물이 아닌가 싶었다. 보성의 공무원으로서 깊은 뿌리를 내려 흔들림 없이 군민을 잘 살피자는 의미를 담으셨을 것 같다.

보림제다에서 전파된 씨앗의 올곧은 의미인 것 같아서 참 흐뭇했다. 군수님의 선물은 아마도 보성에 사는 모든 사람의 가슴에 신선한 바람 한 줄기를 남겼을 것 같았다.

보림제다 _ (사)한국차문화협회 광주지부 제다 실습

삼색수제비를 유행시키다

한동안 전통 찻집이나 전통 식당에서 삼색수제비라 하여 굉장히 유행한 음식이 있었다. 지금도 수제비를 파는 식당에서 세 가지 색을 내어 수제비를 만드는데, 그 창시자격이자 원조가 되는 분이 바로 엄마라는 사실을 아는 분들은 별로 많지 않을 거다. 내가 초등학교에 다닐 때, 그러니까 딸린 식구는 많고 살림살이는 넉넉지 않았던 그 시절에 엄마는 자식들을 배불리 먹일 궁리를 하시다가 밀가루 수제비를 쑤어서 쌀을 아끼는 방도를 써보기로 하셨다. 그런데 거의 날마다 먹다 보니 맛이 없었는지 큰 딸인 내가 안 먹겠다고 고집을 피웠다고 한다. 그래서 엄마는 딸들에게 맛있게 먹이려고 예쁘게 변화를 시도하셨다. 녹차를 갈아 밀가루와 섞어서 녹색을 내고 당근을 갈아서 빨갛게 색을 내고 하여 수제비에 색을 입힌 것이다. 그렇게 탄생된 것이 바로 삼색 수제비. 엄마는 요즘으로 치자면 푸드 스타일리스트이자 시각 디자이너이자 탁월한 심리학자. 이 작전은 딱 맞아떨어져서 알록달록한 수제비를 서로 떼어 넣겠다고 다투며 만들었던 기억이 생생하다. 물론 맛나게 먹었던 기억도.

그러나 이제는 잊혀있던 삼색수제비.

1995년 차의 날 기념 제1회 차음식 경연대회에 출품해보기로 했다.

경복궁에서 실시된 경연대회에서 삼색수제비는 대상인 문화공보부장 관상을 수여하게 되었다.

수상소감으로 나는 삼색수제비의 역사를, 어려웠던 시절 눈물의 삼색 수제비가 탄생한 배경에 대해서 설명했다. 어려웠던 시절이었기에 감회 가 더 깊었으리라. 그리고 그날의 상금 50만 원은 전액 호남지부에 기증 하여 맛있는 저녁을 먹으며 대상 수상의 기쁨을 나누었다.

그 후에 삼색수제비는 굉장한 유행을 타고 널리 퍼졌는데 우스갯소리 로 '음식 메뉴 특허'를 받았더라면 돈 좀 벌었을 거라는 농담을 듣곤 한다.

간단하지만 공유하고 싶은 레시피를 올려 본다.

〈삼색수제비 만드는 법〉 4~5인분 기준

- **재료** : 밀가루 (강력분) 600그램, 당근 3개, 말차 5티스푼, 소금 약간
- **국물 내는 법** : 무, 멸치, 다시마, 표고버섯, 양파 등을 넣어서 맛있게 국물을 우려낸다.

1. 당근은 갈아서 국물만 꼭 짠 후 밀가루 200g과 반죽한다. (빨간색)

2. 말차는 물에 잘 풀어서 덩어리가 없게 한 후, 밀가루 200g과 섞어서 반죽한다. (초록색)

3. 흰 밀가루도 200g 물을 섞어서 반죽한다. (흰색)

4. 여러 재료로 우려낸 맛있는 국물이 끓으면 마늘과 삼색의 반죽된 재료를 떼어 넣는다.

5. 다 익으면 고명을 얹어 낸다.

아낌없이 주는 나무

육 남매의 맏이라는 책임감은 때로는 벗어나고 싶은 부담되는 자리이기도 하다. 철들면서 알아버린 맏언니라는 권력의 달콤함에 빠지기도 했지만, 커다란 나무 같은 부모님의 모습을 보면서 성장했던 나는 부모님처럼 정도를 걸으며 정직하게 살아가야겠다는 결심을 하고 열심히 살았다. 차를 만드는 아버지는 어린 내가 보기에 차의 장인이고 큰 나무셨다.

아버지는 차 생엽이 들어오는 늦은 밤이나 새벽에도 집으로 들어오는 자식을 맞이하듯 반갑게 한 잎 한 잎 소중하게 맞이하셨다. 한 잎이라도 땅에 떨어질까 염려하면서….

그렇게 찻잎이 들어오면 엄마는 일하시는 분들에게 늦은 밤이라도 정성스러운 밥상을 차려 내시곤 했는데 지금도 그 모습은 어제 일같이 눈에 선하다. 봄 한철에는 너무나 바빠서 정신없이 지나가고 여름이 되어

서야 숨을 돌릴 정도의 짬이 나는 것이다.

1997년에 부모님은 평생 처음으로 새집을 가지셨다. 입주하는 날 우리는 모두 모여 부모님의 새집 입주를 축하해 드렸다. 지금은 제2순환도로로 편입되어 길이 되어버렸지만, 그때는 아주 넓은 잔디밭으로 꾸미셨다. 솜씨 좋고 넉넉한 엄마는 전국의 차 행사나 차인들이 모이는 장소로 기꺼이 우리 집 마당을 내어 주셨다. 언제나 푸짐한 음식과 함께.

전라도 김치와 계절의 식재료, 엄마의 손맛 듬뿍 각종 나물, 특히 지금도 전설이 된 우리 엄마표 백김치. 그래서 이귀례 이사장님은 "김판인 백제보살이 차려 주신 밥을 안 먹어본 이는 차인이 아니여."라는 말씀을 늘 하셨다. 이 말은 국내뿐 아니라 국외에도 널리 널이 알려져 있다고 하니 정말로 김판인 여사는 글로벌 쉐프. 음식 솜씨뿐 아니라 우리 엄마는 흥과 끼가 많은 귀여운 여인으로 통했는데 어느 해 친정에 들리러 온 나는 엄마의 노랫소리를 라디오에서 나오는 성악가의 목소리로 착각을 했다. 그뿐 아니라 광주 소태동에 와서 먹었던 따뜻한 밥 말고도 전국의 차인들 사이에서는 한국제다의 운차 선생과 백제 보살은 아낌없이 주는 큰 나무로 회자되고 있다. 어렸을 적 나는 부모님께 이해가 안 되는 인성교육을 받았다.

"명주야, 남에게 주었던 것은 즉시 잊고, 주어야 할 것은 꼭 기억하거라."라는….

이런 불공평한 세상살이를 하라니…

이렇게 불합리한 가르침이 있다니…

그 말씀은 어린 나로 하여금 소심한 반항심을 불러일으키기도 했으나, 지금은 어떤 책 속에 있는 명언보다도 삶의 지혜가 되었다. 준 것에 대한 것으로 계산법이 생기면 원망이 생기고 그 원망이 사람을 좀먹는다는 것을 이제는 좀 알겠다.

지금도 여든이 넘은 엄마는 환갑이 넘은 딸에게 당부하신다.

준 것은 바로 잊어버리라고.

다혼(茶魂)

　'우리 차 산업의 과거와 현재 그리고 미래를 생각한다'에서)이 지구상의 모든 물체는 어느 것이나 우리 인간과 더불어 살다가 말없이 사라진다. 차를 마시고 즐기는 나는 나와 같이 숨쉬고 또 사라지는 소중한 기물들을 혼(魂)이 어린 소중한 것으로 알게 해준 동기가 있었기에 소개하고자 한다.

　20여 년 전, 일본의 어느 차 생산 공장을 방문 하였을 때의 일이다. 이른 아침에 우지천을 끼고 있는 작은 공원을 산책 하던 중 문득 눈에 띄는 장면을 보게 되었다. 높은 다리 위에서 50여 명의 남녀들이 깨끗한 하천의 물을 나무 두레박으로 길어 올리는 것이었다. 그 모습이 하도 엄숙해서 유심히 구경하게 되었다. 길어 올린 그 물을 네 사람이 가마 같은 것에 실어서 어디론가 가는 것이었다. 나머지 사람들과 함께 뒤를 따라간 곳은 약 2km 정도 떨어진 어느 작은 사찰이었다. 그 사찰의 입구에는 높이 6m 정도의 커다란 돌에 '다혼(茶魂)'이라는 두 글자가 새겨져 있었다. 그 돌을 지나 절 안으로 들어가니 이미 전국에서 모인 많은 다인들이 다도제를 올리기 위해 기다리고 있었다. 두 시간 정도를 엄숙한 분위기에서 마이크도 없이 다례를 올린 후, 다혼이 새겨진 그 돌 앞에서 스님 다섯 분이 헌다를 하고 염불을 하는 절차가 이어졌다.

많은 다인들이 모인 그 옆에 모닥불이 피워졌고, 다인들은 가슴에서 무언가 하얗게 포장한 것을 꺼내어 한 사람씩 돌면서 불 위로 올리는 것이었다. 그 물건들을 태우면서 묵념하고 염불을 하는 것이 아닌가. 자세히 보니 그것은 바로 쓰다가 닳아진 차선과 차시 등이었다. 물건에는 생명이 없다고 생각해 온 나는 정말 감동했다. 이것이 바로 우리 눈에는 보이지 않는 다혼에 감사하는 일일 것이다.

수많은 식물 중에 차만큼 우리 인간을 돌보아 주는 것이 어디 있겠는가. 또 수많은 다구들이 우리 인간을 위해 태어나고 버려진다. 그 다구들을 그저 용도를 다하고 폐기하면 끝이라고 생각했던 나의 무심함에 부끄러운 마음이 들었다. 인간을 위하여, 차를 위하여 제 할 일 다 하고 사라지는 그것들에 마지막 애정과 명복을 비는 혼이 들어 있는 의식이었다. 일본의 작은 마을에서 목격한 그 일은 내 가슴 속에 '다혼'이라는 두 글자를 깊이 새기고 교훈을 준 날이었다. (2008년, 서양원, 전통명인 신청서 중 '다혼 이야기'에서)

장금엽할머니

　내가 열 살이 되던 해, 혼자 되신 할머니는 무남독녀였던 외딸, 우리 엄마가 모시게 되어 광주로 오셨다. 그 때부터 외할머니와 우리는 같이 살게 되었는데 공장일로 하루종일 바빴던 엄마를 대신해 우리 육남매를 알뜰살뜰히 키워주셨다.

　외할머니의 손은 우리를 위하여 항상 맛있는 것을 만들어 주시는 신의 손 같았다. 내 동생 귀주가 할머니께 맨날 해달라고 졸랐던 소천엽, 선지국, 여름이 오면 지금도 향기가 코끝을 간질거리는 것 같은 향긋한 방앗잎전, 겨울이 되면 손주들을 위하여 할머니 방 한 구석을 기꺼이 내주어 썩지 않고 겨울을 났던 고구마, 그 고구마는 어찌 그렇게 맛있었을까. 우리는 학교에서 돌아오면 먹을 것이 기다리고 있는 할머니 방으로 뛰어 들어갔다. 잊을 수 없는 새콤하고 개운한 할머니표 동치미와 뜨끈뜨끈한 찐 고구마...그것 뿐이랴, 겨울에는 대식구의 겨울나기 반찬으로 김부각을 만들어 기름에 살짝 튀겨서 밥반찬으로 장만해 주셨다. 어쩌면 우리 육남매는 늘 북적거리는 차공장에서 은밀하고 위대하게 할머니의 보살핌을 받으며 미각의 호강을 아낌없이 누렸을지도 모르겠다. 결혼후에 임신을 하여 입덧을 했을 때 제일 먼저 먹고 싶은 것이 할머니가 끓여주신 아욱국이었으니 그 은밀위대한 입맛은 증명이 된셈이랄까. 입덧중에 아욱국이 먹고 싶다고 전화를 드렸더니 일 초도 지체함 없이 큰손녀가 있는 울산으로 한걸음에 달려와 내 평생 잊을 수 없는 아욱국과 새콤한 초무침을 만들어 주신 나의 할머니.

마음속에 손주들을 향한 사랑을 담뿍 담고 계셨던 할머니는 또한 딸과 사위를 위해 차밭 일구는데 초인적인 힘을 쏟아 부으셨다. 장성, 영암, 해남 차밭을 조성할 당시 아예 그 곳에서 살다시피 하셨는데 가끔 장성이나 영암 차밭엘 가서 보면 할머니는 손톱이 뭉개졌을 정도로 많은 일을 하고 계셔서 갈 때마다 할머니 손에 반창고를 붙여 드렸다. 아버지는 이런 할머니께 진심으로 감사해 하셨고 우리들에게도 할머니의 공덕을 절대 잊으면 안된다고 말씀하시곤 했다.

지금은 하늘에 계신 할머니의 인자한 미소가 그립다.

그리운 마음을 담아서 이십년 전 할머니의 여든번째 생신에 내가 지어서 할머니께 올렸던 공덕패를 옮겨 적어본다.

공덕패

글/장금엽

    세상에 나시어 사랑과 정성으로 가만가만 딸 하나 고이 길러 저희 어머니로 보내주시고 우는 아이 보채는 아이 한 시도 쉴 새없이 얼리시고 안아 키우시기에 하루 해가 짧기만 하셨습니다. 행여나 그릇될까 밤낮으로 가슴 졸이시고 애태우시며 저희 육남매를 하나도 빠지지않게 곱게 길러 오늘 날 저희가 세상에서 바르게 살 수 있는 기틀을 마련해 주신 것을 항상 감사하게 생각하며 언제까지나 소중하게 여기며 살아가겠습니다.

    늘 차와 함께 살아온 온 가족이 소중하게 여기는 다원을 일구는데 쏟아 부으셨던 그 정성을 저희들은 결코 잊을 수 가 없습니다. 아침에는 해남으로 낮에는 영암으로 저녁에는 장성으로 눈비를 마다하지 않으시며 자식을 기르는 마음으로 씨를 뿌리고 김을 매시어 한국제다의 터전을 마련하는데 큰 힘이 되셨음을 저희들은 오래도록 기억할 것입니다.

새 집을 지어 입주하게된 이 기쁜 날 오늘이 있기까지 할머님이 베풀어 주신 큰 덕을 칭송드리며 저희 모두가 사랑하는 할머님의 여든번째 생신을 진심으로 축하드립니다. 부디 오래오래 강건하시어 저희들 가슴속에 늘 환한 빛으로 남아 계시길 간절히 바라는 마음으로 이 패를 만들어 올립니다.

1997년 10월 5일

외손 서명주 서귀주 서연옥 서아라 서민수 서희주

차 사랑꾼 승원, 녹차 함미

나이 58에 첫 손주를 보았다. 손주 승원이는 차로써 태교를 했다 해도 될만큼 임신 중에 태내에서 어떤 아가보다 차를 많이 마셨다. 갓난 아기때도 녹차를 연하게 우윳병에 주면 맛나게 빨아 먹곤 했다. 승원이가 엄마 아빠 말을 막 시작할 때 제일 먼저 했던 말이 '녹차함미' 였으니 녹차 가문의 후손답게 외할아버지의 녹차와 황차를 너무 좋아하는 것이다. 딸 재영이는 하루에 두 번 가족 티타임을 가졌는데 승원이에게 꾸준히 차를 조금씩 마시게 하였다. 재영이 역시 어렸을 적 입맛이 커서도 영향을 미치는 것이라 그런지 청량음료는 거의 입에 대지 않는다. 아가 때의 입맛이 평생을 간다는 믿음아래 자극적인 청량음료는 우리 집에선 찾아 보기 힘든 마실거리이다. 세 살이 된 요즈음엔 마른 녹차를 그렇게 맛있게 씹어 먹기도 해서 기특하기 짝이 없다. 승원이를 보고 있자니 아들 재범이 10살 때 기억이 떠오른다. 당시에 엄마와 차를 마시는 모습을 남겨 두고 싶어서 사진 한 장을 찍어 두었는데 볼 때마다 미소가 떠오른다. 행복한 티타임 이었기에.

엄마의 바램으로 우리의 아이들이 차와 같이 반듯한 성품으로 성장해 가기를, 차와 같이 티없는 건강을 갖기를, 차를 마시며 가족들과 늘 행복 하기를 기도한다. 그 기도의 마음이 자식들의 가슴에 가 닿기를 차 한 잔 에 염원을 담아 마시면 어떨까. 차는 자연이다. 오염되지 않은 자연. 그 어떤 음료보다도 인간을 이롭게 하는 마실 거리인 차! 내가 차를 사랑하 는 사람이 단 한 명이라도 있다 하면 반드시 가서 차를 가르쳐 주는 이유 이다. 그러나 예전보다 지금은 사회가 더욱 다양해지고 성장해 가는 아 이들도 정서적으로 메말라가는 안타까운 현실이다. 그래서 집밥에 열광 하고 가족과의 식탁에서 밥 한 끼 먹는 것에 행복을 느끼는지도 모르겠 다. 모두 모여 맛있는 밥을 먹고 온 가족이 따스한 차 한 잔으로 행복과 건강을 지켜 갈 수 있다면 얼마나 좋을까. 우리 승원이 역시 대를 이어 지켜 가는 다가의 자부심이리라.

차에는 삿된 기운이 없어서 옛 성현들이 즐겨 마셨다.
만인에게 이로움을 주고 천하에 좋은 기운을 나누어 주는 차.
나도 영원히 녹차 함미로 남고싶다.

영수합 서씨 다가茶家와
운차 서양원 다가茶家

조선시대 영수합 서씨(1753~1823)의 집안은 모두가 차인이고 시인이며 예술을 사랑했다. 동다송을 지어 달라고 초의스님께 부탁한 홍현주가 바로 영수합 서씨의 아들이었으며, 홍현주는 바로 정조의 부마였다.

3남 2녀가 모두 차를 사랑하여 온가족이 함께 모여 차를 마시며 시를 짓기도 했었다.

많은 조선의 여류 시 중에서 차를 끓인다는 뜻의 팽다 烹茶 제목을 가진 유일한 다시라고 알려진 정야팽다 라는 시를 한 수 소개한다..

〈靜夜烹茶〉 고요한 밤에 차를 끓이며

여러해 동안 작은 화로에 여린 불로 차를 달였으니

한점 신기한 공덕은 분명 없지 않으리라.

맑은 차 한잔 마시고 거문고를 어루만지다

아름다운 달을 바라보니 그리운이 부르고 싶네.

봄소반 푸른 주발에 이슬같은 차를 우리니

오래된 벽은 차연기로 대나무를 그리는 듯 하네.

가득찬 잔이 어찌 맛있는 술뿐이라 하겠는가

답청가는 내일도 다병을 가져가리.

조선조여류시문전집 2, 허미자편, 386쪽

또 온가족이 모이는 자리에선 가족시도 지어 남겼는데, 부부가 운을 띄워 시를 시작하면 자녀들이 이어서 시를 지었다. 그러니까 전 가족의 연작시인 셈이다. 그 시 중에는 차를 마시면서 온 가족이 돌려 가며 한 줄 한 줄 써서 완성한 가족시도 있다. 상상해 보라, 가족이 모두 모여 앉아 어머니는 정성껏 차를 우리고 저녀들은 시를 쓰고, 훈훈하고 멋진 가족의 찻자리가 눈 앞에 펼쳐 지는 듯 하다.

조선시대에 영수합 서씨의 茶家가 있었다면 지금 이 시대엔 운차 서양원의 茶家가 있음을 자랑하고 싶다. 서씨의 유전자가 전해져 내려 온 걸까 서양원 박사 가족의 차사랑은 올해로 30회가 넘는 가족의 정기 차모임인 '운차회'로 전해져온다. 있다. 아버지의 차호를 딴 운차회는 19?? 년에 일년에 한번씩 있었던 친척들의 모임을 차회로 만들어 보자는 아버지의 말씀을 따라 운차회 라는 이름으로 태어났다. 지금은 멋진 현대식 건물로 모습을 바꾸었지만 예전의 한국제다에는 작설헌이라는 차실이 있었다. 역사적인 제 1회 운차회는 부모님께서 참 아끼고 사랑하셨던 그곳 작설헌에서 시작을 하여 해마다 큰집의 대가족 식구들을 모시고 (아버지는 9남매의 막내셨기에 큰집 밖에는 없음) 정기적으로 모였다.

운차회라는 이름에 걸맞게 처음부터 끝까지 다담을 펼쳤던 기억이 난다. 차사랑이 지극정성이셨던 아버지와 사람을 좋아하시는 후덕한 엄마의 음식 솜씨는 한 해도 거르지 않는 역사를 만들어 온 운차회의 커다란 버팀목이 되었다. 그러는 사이 운차회를 계기로 삼아서 한사람씩 한사람씩 3년의 교육을 거쳐서 차사범이 생겨났는데 친척중에 20명에 달하는 사범이 생겨나서 그야말로 茶家의 一家를 이루게 되었다. 모두 운차선생의 뜻을 가슴에 새겨 차인의 길을 걷고 있다.

십여년을 넘게 봄마다 만나왔던 가족들의 모임은 한해 한해 식구들이 늘어나고 만남의 규모가 엄청나게 커진 다음에는 직계 가족의 모임으로 그 의의를 두기로 하고 대가족의 차회는 마무리하였지만 지금도 큰집의 차인들과는 정겨운 만남을 이어가고 있다.

第一回
1985. 6. 2
雲祭會
〈家族 모임〉

성년례의 의미

2011년 문정여고 성년례, 큰손님 축사

열렬하게 나와 차 공부를 같이 한 절친인 친구가 10년전

여고에서 지리 선생님으로 근무 할 적에 내게 조언을 구하러 왔다. 본인이 근무하는 문정여고에서 성년례를 해보고 싶다는 것이었다. 활달하고 목소리 큰 친구는 차를 앞에 두면 약간 다른 사람처럼 보인다고 하는

지인들의 증언을 들었던 터라 내심 호기심이 발동하여 이것저것 궁금해서 물어 보았다.

친구가 자료로 가지고 온 여고생들의 성년례 의식은 지루함을 벗어나 현대에 맞는 간소화 된 의례와 의미가 담긴 신선한 내용이었다. 어려움 속에서도 말없이 성년례를 준비하고 있는 친구의 마음에 작은 힘이나마 보태야 겠다는 결심이 섰다.

우선 제일 큰 비중을 차지하는 큰 손님은 엄마가 맡기로 하고 다른 사람들은 학생들의 예절 교육을 책임지기로 하였다.

몇 번의 다도 교육을 마친 후, 성년례 의식을 하는 날 학생들이 한복을 입고 다소곳이 절을 하는 모습이 얼마나 보기가 좋았는지 모른다. 나는 아이들이 사회에 나가서도 훌륭한 어른이 되기를 기원하며 의미 있는 의식을 지켜 보았다. 그 후 문정여고의 성년례는 장성실고 등 여러 학교에서 도입하여 각 학교의 실정에 맞는 성년례를 가지게 되어 뜻깊은 영향력을 미치게 되었다.

차를 좋아하는 친구의 생각은 이렇게 시작은 미약했으나 창대한 결과를 만들어 낸 성공담이라 생각을 한다. 실제로 몇몇 대학교에서 강의를 하면서 특별히 눈에 뜨이는 마음이 예쁜 아이들에게 출신학교를 물어 보니 문정여고 출신의 학생들이 꽤 많았다는 사실은 내 믿음이 틀리지 않았다는 것이다. 친구의 노력으로 선한 영향력을 받은 아이들은 우리나라의 희망이다. 그래서 교육의 힘은 위대하다.

지금은 여러 학교에서 성년례나 세책례등의 이름으로 학생들에게 인성예절 교육을 하고 있다. 가정의례준칙의 관혼상제례 원형이 있어서 그대로 시행하는 학교도 있고 현실에 맞추어 간소화된 관계례를 하는 곳도 적지 않다. 이 곳서 실시한 성년례 (계례)는 학교교육 과정을 포함하여 (한문, 미술, 음악, 무용등) 학생을 대상으로 한 간소화된 의식이다. 즉, 학교에서 하는 교육과정 내용을 충실히 반영했다고 본다. 그러나 성년례의 뜻 만큼은 귀중하기에 뜻있는 학교에서 동참해 보면 어떨까 싶다.

　학생들의 성년례를 지켜보고 한가지 분명하게 가슴에 와 닿았던 사실은 성인이 되는 즈음에 청소년들이 느끼는 각오와 무게감이 남달라진다는 사실이다. 가능하면 각 학교의 사정에 맞게 시행을 했으면 하는 바람이 들어서 성년례를 한 해도 빠지지 않고 참석해 본다.

당신에게는 향기가 있네요

당신에게는 향기가 있네요'

누군가로부터 이 말을 듣는다면 내가 인생을 잘살고 있었구나 하는 마음이 들 것 같다.

사람의 향기-

25년간 가업이라 생각하며 차생원을 운영할 때, 참 많은 사람을 만났었다. 마음이 기쁘거나 슬플 때 나를 찾아와서 소소한 애기를 털어놓기도 하고, 몸이 아프거나 정신이 산란할 때에도 병원으로 가는 것보다 차생원에서 내가 끓여 준 차 한 잔에 힘을 얻어 간다는 이웃들도 참 많았다.

그때나 지금이나 나는 사랑하는 사람들, 그 깊고 맑은 인간의 향기에 매료되어 살고 있지 않을까. 평생을 온화한 향기 속에서 살게 만들어 주

신 따뜻한 훈향(薰香) 같으신 부모님,

거의 날마다 차생원에 차 드시러 오셔서 '차가 나를 살렸어' 하시며 차생원에 오시는 지인들에게 반드시 차 한 잔을 마시게 하셨던 말차 전 도사 도예가 고현 조기정 선생님.

고현 선생님은 흰머리가 잘 어울렸던 멋진 예술가의 향기를 가지고 계셨다.

그리고 미황사 주지 스님이신 금강 스님. 오랜 인연의 세월을 지나왔 건만 아직도 처음 뵈었던 모습 그대로 청향(淸香)을 간직하신 분.

또 한 분이 계시는데 김영수 신부님이시다.

몇 년 전에 미국으로 공부하러 가셨는데 김영수 신부님은 진향(眞香) 의 향기를 가지고 계시는 분이다. 언제나 편찮으신 어머님의 손을 꼭 잡 고 오셨던 젊은 신부님. 두 모자가 행복하게 차를 마시는 풍경이 지금도 눈에 선하다.

그렇다.

세상에서 가장 좋은 향기는

차의 향기이다.

사람의 향기이다.

디트로이트 작설헌

전생에 인연이 있었던가, 30년 전에 내게 언니가 생겼다. 차가 맺어준 언니와의 인연은 사실 처음 시작은 아버지셨다. 때는 1990년, 한국제다는 소태동에 새 터를 잡았다. 1년 후인 1991년 언니는 무등산 올라가는 길에 한국제다에 방문객으로 왔는데 '작설헌'이라는 현판이 걸린 차실에서 일면식도 없었던 아버지를 만났다. 그때 차 한 잔을 대접받은 것이 인연의 시작이다.

오랫동안 미국의 디트로이트에서 살고 있는 재미교포였지만, 고향인 해남과 한국을 늘 그리워하며 한 해에 한 번씩은 고향을 방문하는 분이었다.

인정이 많고 구수한 전라도 영어를 구사하는 언니는 미국에서도 수필집을 몇 권 출간한 문인으로 활동을 하고 있었음을 한참 뒤에 알게 되었다. 한국제다에 우연히 다녀간 언니는 서양원 사장님이 들려주시던 차

이야기며 정성껏 우려 주시던 그 차 맛을 잊지 못해, 미국으로 돌아간 후에 감사의 편지를 몇 차례나 보냈었다. 언니는 당연히 한 번쯤은 답을 기다렸으리라. 그러나 아버지가 한 번도 답장을 보내지 않자 결국 엄마가 답을 하시게 되었다. 그러니까 엄마는 만난 적도 없는 미국 사는 사람에게 아버지 대신 편지를 쓰게 된 것이다.

처음 쓴 편지의 내용은 이러하다.

'우리 영감을 잘 봐주어 고맙소. 그런데 나도 못지않게 재미있는 사람이니 앞으로는 나하고 서신을 나누는 것이 더 재미있을거요.'

이 편지를 받은 언니는 특유의 달필로 형형색색의 화려한 편지를 보내기 시작한다. 엄마 역시 문학소녀의 감성을 갖고 계신 분이라 위트와 삶의 연륜이 묻어나는 편지를 주고받았다.

편지는 부지런히 태평양을 오고 갔으리라.

언니의 본명은 송진영(미국식으로는 김진영).

40대 초반의 발랄한 언니는 그사이 미국 집에 아버지가 꾸며 놓은 무료 차실인 '작설헌'을 본떠 작은 '작설헌'을 만들어 차 생활에 폭 빠져 살았다 한다. 작설헌은 아버지의 애정 가득한 차실이다. 누구든지 언제나 차실을 방문하면 아버지의 정성 가득한 차를 대접받을 수 있었으니 베풂의 인연으로 언니를 만나지 않았나 싶다. 언니는 바라는 것 하나 없이 주는 사람이었다. 우리 엄마처럼…. 그 후 나는 디트로이트의 언니 집을 방문하게 되었는데, 일 주일동안 같이 지내면서 뜻하지 않은 선물을 받았다. 바로 '글 쓰는 용기'를 얼떨결에 받은 것이다.

내 안에 묻혀 있던 삶을 토해 보라고, 너는 글을 써야 된다고. 그리고 언니는 준비한 펜을 선물로 주는 것이었다. 늘 목에 걸고 다니면서 많이 보고 많이 느끼고, 나를 만나는 깨어 있는 사람이 되기를 당부했다. 수필가의 마음의 소리였다. 그때 미국 땅에서 수줍게 피어오른 용기가 아니었으면 지금 이 순간이 오지 않았을지도 모른다. 그리고 그 후, 부모님의 양딸이 되었고 우리들의 언니가 되었으니, 차연(茶緣)의 힘은 수만 리 떨어져 있어도 좋은 사람을 맺어주는 기적의 메신저이다.

홍차버섯의 추억

수업 중에 학생들에게 홍차버섯을 아는지 물어보았다.

50, 60대의 선생님 몇 분만 홍차버섯을 기억하고 있는 것을 보니 이제는 한때 유행했던 추억의 음료가 되었나 보다.

1980년대에 현대그룹 정주영 회장께서 대통령 선거에 출마하였는데, 고령의 대통령 후보와의 인터뷰 중, 지칠 줄 모르는 젊음과 건강의 비결이 바로 수시로 마시는 홍차버섯이라고 말씀하신 것이 발단이 되어 그야말로 광풍에 가까운 홍차버섯 열풍이 불었다.

그러나 우리 식구들은 아버지 덕택에 그보다 훨씬 전에 홍차버섯을 마시고 있었다. 홍차에 관한 추억이 누구보다도 많았던 나는 아버지가 제조해 주신 시고 달달한 홍차버섯의 맛을 잊을 수 없다. 달고 신맛이 많았고, 설탕과 홍차를 먹이로 삼아 자라서 붉은색의 홍찻물 위로 넓적하게 덮여 있던 누리끼리한 버섯이었다. 아버지는 정성껏 배양을 해서 달

콤새콤해진 홍차버섯을 한 잔씩 맛보여 주시면서 우리가 맛있게 마시는 모습을 흐뭇하게 바라보셨다. 뿐만이랴, 칼피스라는 시원한 음료, 또 팔팔 끓인 두충차며 결명차도 손수 만들어 주셨다. 우리가 마셨던 모든 음료는 엄마가 챙겨 주신 기억이 별로 없고 거의 아버지께서 챙겨 주셨으니 참 자상하고 사랑이 많으신 분이 틀림이 없다. 그런데 얼마 전부터 홍차버섯이 관심 있는 사람들 사이에서 유행이 되고 있다고 한다. 홍차버섯이 아닌 '콤부차'(KOMBUCHA)라는 이름을 달고 말이다. 콤부차의 역사는 꽤 오래되었다고 한다.

아직 우리나라에서는 마트에서 구입하기 어렵지만, 서구에서는 비교적 쉽게 콤부차를 살 수 있다고 한다. 홍차버섯, 즉 콤부차는 발효 음료로서 스코비(편편한 면이 있는 종균)와 찻잎으로 만든 차와 물, 설탕만 있으면 쉽게 만들 수 있다. 여러 가지 방법으로 마시기 좋게 과일이나 허브를 블렌딩해서 마시는 것도 한 방법이다.

콤부차는 장내 유효 박테리아의 증식을 돕고 활력을 충전하며 세포를 건강하게 만들어 주는 오래된 발효 음료의 가치를 인정받아서 건강 음료로 각광 받고 있다.

내게는 추억 상자 속의 차로 남아 있는데 말이다.

약속

아직도 아버지의 여윈 손을 잡고 있는 듯한데, 아버지의 자리, 빈 의자
가 오늘 따라 더 허전하다.

아버지와 함께 추억하고, 꿈에서도 만나서 웃고, 홀로 계신 엄마를 더
자주 만나고, 그렇게 삼년을 보냈다. 이제는 책으로 엮어도 되겠다는 결
심이 선 것은 지키지 못했던 아니, 지킬 때까지 계셔 주지 않고 떠나 가
신 아버지와의 약속을 지켰기 때문이다. 그것은 박사가 되겠다는 약속을
지킨 것이고, 또 하나는 욕심 없는 차인들의 모임인 일로차회를 만들어
서 의미 있는 노후를 보내겠다는 약속을 지킨 것이다. 생각해 보니, 하나
는 딸 개인의 발전을 원하신 것이고, 또 하나는 아름다운 사회를 만들라
는 대승적인 희망이셨음을 알겠다. 우리나라 차산업의 선구자로 역사에
남고, 아름다운 정으로 부녀의 인연으로 살다 가신, 참사람의 소중한 기
록을 남기고 싶다.

꿈에서도 인자하게 늘 여운을 남기고 가시는 아버지! 한 자 한 자 쓸 때마다 웃고 울었던 딸에게 아버지는 용기를 주셨다.

애썼다고,

지금 잘 살고 있다고…….

우리에게 "힘든께 일등은 하지 말고 이등을 하라"시던 만인의 연인이 자바람 신발을 신은 김판인 여사, 사랑하는 가족들, 동생 귀주, 연옥, 아라, 민수, 지연, 희주, 또 광주, 서울, LA, 목포, 보성에서도 장인어른을 그리워 하면서 살고 있는 제부들, 내게는 아낌없는 가족들의 격려가 천군만마의 힘이 되었다.

생각만 해도 훈훈하고 따스한 유산, 그 무형의 유산은 바로 차다. 이제부터는 아버지가 우리들에게 주신 무형의 유산을 품고 아름다운 세상을 만들어 갈 차례이다.

맺음

내가 사는 곳에선 늘 차 만드는 싱그럽고 풋풋한 향이 있었다.

바쁘게 돌아가는 공장의 한쪽에서 그 향에 취해 기계 옆에서 놀던 내게 한 잎씩 유념기 밖으로 튕겨 나오는 찻잎을 자식처럼 소중하게 다루고 있는 아버지는 어린 내게 그렇게 멋있어 보일 수가 없었다.

아, 그 모습은 늘 차 만드는 향기와 오버랩되어서 살면서 힘들고 짜증날 때 숨 한 번 크게 쉬고 폐부 깊숙이 차 향기를 끌어올려 보곤 한다. 그러면 한결 호흡이 편안해진다.

나만의 아로마 테라피이다. 차 힐링.

그 향은 아버지와 엄마의 향이리라. 그리고 할머니와 동생들의 향기까지도.

내가 특별한 효녀라고는 생각지 않았지만 세 해, 네 해, 해가 갈수록 아버지를 향한 그리움의 향기가 점점 진해져 가는 것을 어찌할 수가 없었다. 그래서 아버지의 사진을 다시 보고 또 보고, 아버지가 사랑하셨던 청매를, 이제 겨우 회생한 청매를 남몰래 오랫동안 쳐다보는 것으로, 혼자 계신 엄마를 더 자주 뵈오리라 나 혼자 마음으로 아버지와 약속을 하는 것으로 그리움을 달래곤 하였다.

1978년에 무료 차실로 전국의 차인들에게 개방했던 차실, 〈작설헌〉은 우리 가족에게나 내겐 인생의 중요한 한 부분이다. 1년 365일 매일이 〈작설헌〉에서는 기쁨과 행복의 목소리들이 넘쳐났다. 그곳은 부모님의 숨결과 혼이 녹아 있는 아주 특별한 곳이었다. 전국에 있는 차인들이 언제나 오고 싶어 했고, 〈작설헌〉에 오면 언제나 그 자리에 계시던 차에 대한 열정으로 가득 찬 서양원 사장님과 묵묵하지만 따스한 미소를 잃지 않은 백제 마애불과 같은 김판인 여사님....

세월이 흘러 이십 년 넘게 차인들의 사랑방이었던 〈작설헌〉은 상전벽해 하여 큰 길이 되었고, 아버지의 뒤를 이은 동생 서민수 사장이 그 뜻을 받들어 안주인 이지연과 마음을 모아 한국제다를 젊고 패기 찬 회사로 만들어 가고 있으니 너무나 감사하다.

〈작설헌〉은 부모님께 어떤 의미였을까. 이십여 평의 그곳은 부모님의 삶이었고 자부심이었고 기쁨이었다고 감히 말씀드려도 될 것 같다.

내게는 피와 살을 나눠 주신 부모님이지만 만인의 존경을 받았던 아버지의 이야기를, 만인의 어버이라 불리었던 아버지의 이야기를 쓰고 싶었다. 내 마음속에 고이 간직했던 한 사람의 아름다운 이야기를 말이다.

82세에 홀연히 신선처럼 떠나신 아버지.

때로는 눈물로, 때로는 행복한 미소로, 엄마에게 읽어 드리면서는 그리움에, 가슴 먹먹한 추억에 잠기면서 이 글을 마무리하였다.

영원한 나의 우상,

운차 서양원 박사님.

많이 그립습니다. 아버지.

아버지의 큰 딸 명주 올립니다.

아버지의 의자

초판 1쇄 인쇄 ┃ 2021년 1월 6일
초판 1쇄 발행 ┃ 2021년 1월 11일

글　　　 ┃ 서명주
사진　　 ┃ 박홍관

발행인 ┃ 박홍관
발행처 ┃ 티웰
디자인 ┃ 엔터디자인 홍원준

등록　 ┃ 2006년 11월 24일 제22-3016호
주소　 ┃ 서울시 종로구 삼일대로 30길리, 507호(종로오피스텔)

전화　　　 ┃ 02.720.2477
홈페이지 ┃ http://www.teawell.net
메일　　　 ┃ teawell@gmail.com
ISBN　　 978-89-97053-49-0 03590